强夯施工技术与工程实践

安 明 编著

叶观宝 主审

中国建筑工业出版社

图书在版编目（CIP）数据

强夯施工技术与工程实践/安明编著. —北京：中国建筑
工业出版社，2018.6
ISBN 978-7-112-22055-7

Ⅰ. ①强… Ⅱ. ①安… Ⅲ. ①强夯-工程施工-研究
Ⅳ. ①TU751

中国版本图书馆 CIP 数据核字（2018）第 069282 号

　　本书以《强夯地基处理技术规程》CECS 279—2010 为编写背景，在分析强夯加固机理的基础上，对强夯的设计、施工、质量检测等内容进行系统论述，并对未来强夯技术的研究和发展指明了方向。另外，还结合工程实践对强夯施工技术进行了详细的说明。全书共分为 7 章，分别为：概述，强夯加固机理，设计，施工，质量检测，强夯施工技术发展展望，工程实例。

　　本书可供从事地基处理的岩土工程技术人员和科研人员参考阅读。

责任编辑：王　梅　杨　允
责任设计：李志立
责任校对：焦　乐

强夯施工技术与工程实践

安　明　编著
叶观宝　主审

*

中国建筑工业出版社出版、发行（北京海淀三里河路 9 号）
各地新华书店、建筑书店经销
北京红光制版公司制版
北京京华铭诚工贸有限公司印刷

*

开本：787×960 毫米　1/16　印张：10½　字数：209 千字
2018 年 9 月第一版　　2018 年 9 月第一次印刷
定价：**40.00** 元
ISBN 978-7-112-22055-7
（31957）

前　言

强夯加固地基技术于 20 世纪 60 年代由法国梅纳技术公司首创。20 世纪 70 年代末引入我国。1979 年，山西省机械施工公司（山西机械化建设集团有限公司的前身）在科研设计部门的协助配合下，首次在山西轩岗矿务局同家梁矿大型煤筒仓地基采用强夯法处理获得成功，成为中国最早进行强夯法试验研究和工程实践的单位之一。

之后，山西机械化建设集团有限公司先后在山西化肥厂、吉林长山热电厂、大连石油七厂、大连新港大窑湾港区、上海关港、浦东机场、福州长乐机场、武汉钢铁公司、重庆钢铁公司的技改扩建工程、九寨沟机场、贵州发耳电厂、昆明机场等数百项工程中，进行强夯试验研究和工程处理。地基处理范围涉及填海地基、湿陷性黄土地基、软土地基、红黏土地基、岩溶地基、盐渍土地基、高填方地基、高水位地基。在强夯波动机理、动力固结原理、高水位地基强夯机理、强夯振动传播规律与隔振技术方面进行了深入的探讨和研究，取得了一定的成果。先后获山西省科技进步二等奖 2 项，三等奖 2 项，发明专利 4 项，实用新型专利 10 项。

在近 40 年的工程试验研究和工程实践中，强夯法已成为我国地基处理中应用最广、经济有效、简便易行的施工技术。

作者对强夯施工技术在工程中的应用研究进行了回顾和总结，并参阅了国内同行的一些文献资料，编著了此书。

本书介绍了强夯机理、施工参数设计和施工应用方面的一些研究成果，并给出工程实例，以供相关技术人员参考。由于作者水平有限，书中不妥及错误之处在所难免，请读者批评指正。本书由上海同济大学叶观宝教授审阅，并给出了许多宝贵意见，在此致以衷心的感谢！

作　者
2017 年 11 月

目　录

第一章 概　　述

强夯法加固地基自 1965 年法国梅纳（L. Menard）首创以来，以其工艺适用范围广、设备简单、施工方便、节省材料、施工效率高、施工文明和施工费用低等优点，迅速传播到世界各地。

我国从 1978 年开始，先后在天津新港、河北廊坊、山西白羊墅、河北秦皇岛等地进行了试验研究和工程实践，取得了显著的加固效果。随即，强夯法在全国各地推广使用。强夯法引入我国四十多年来，正值我国改革开放，基础设施、经济建设高速发展，再加上我国地域辽阔，自然与工程地质条件差别巨大，使得强夯施工技术获得了巨大的发展空间，工程数量和使用规模都居世界第一，取得了丰硕的成果。

强夯法在国际上称为动力压实法（Dynamic Compaction Method）或称动力固结法（Dynamic Consolidation Method），这种方法是反复将夯锤提到高处，使其自由落下，给地基以冲击和振动能量将地基土夯实，从而提高地基的承载力，降低其压缩性，改善地基性能。

强夯法在我国的应用和发展中，经历了以下几个阶段：

（1）基于动力压实的原理，被大量地应用于处理碎石土、砂土、低饱和度的粉土、黏性土、湿陷性黄土、素填土和杂填土等地基，不但很好地提高了地基土的强度、密实度，降低了压缩性，同时在消除砂土、粉土液化，消除湿陷性黄土的湿陷性方面取得了非常突出的效果。20 世纪 80 年代初，太原理工大学、化工部第二建设公司、山西省机械施工公司，在山西化肥厂应用 6250kN·m 强夯能级处理湿陷性黄土，消除湿陷性深度达到 12m，这是我国推广强夯法初期取得的重要成果。

（2）随着我国沿海一些港口城市的对外开放，沿海地区建设规模迅速扩大，建设用地稀缺与农争地的矛盾日益突出；同时出于港口建设的需要，围海造地也成为沿海城市建设的必然趋势，开山填海是围海造地的主要途径。

但这种将开山获得的石块、碎石土抛入海中堆积而形成的场地，不但非常稀松，而且极不均匀，如果不作处理，根本不能成为建设场地。如用传统的常规处理方法，不但造价高昂，加固效果差，仅效率低、工期长也为快速发展的建设形势难以接受。20 世纪 80 年代中期，中国建筑科学研究院和石化北京设计院、山西机械施工公司等采用强夯处理填海地基建造重要的工业建筑获得成功，并在沿海地区推广，为我国广大沿海地区进行大规模填海造地工程提供了经济有效的地基处理方法和经验，也是我国强夯施工技术发展史上的一个重要标志。

（3）随着改革开放由沿海向中西部的发展，我国基本建设形势又遇到新的课题需要解决。一是沿海及内地广为分布的软土地基，处理效果差、工期长、造价高；二是我国冶金、化工、电力等工业排放的工业废渣大量堆积、占用土地、污染环境。

太原工业大学于 1984 年采用在夯坑中填砂的办法，处理新近堆积软土，通过 1600kN·m 能级强夯，边夯边填，夯实后形成 4m 的砂石墩，使承载力为 60～70kPa 的软土地基形成地基承载力为 200kPa 的复合地基，这是强夯置换的初步探索。1987 年冶金部建筑研究总院和山西省机械施工公司等在武汉钢铁公司龙角湖沼泽地试验强夯置换加固软土地基，将质地坚硬、性能稳定和无侵蚀性的冶金渣作为地基和填料，不但使大量沼泽地成为工业建筑用地，同时还搬掉了武钢建厂以来堆积的占地 $10km^2$ 的渣山。我国已故著名土力学专家刘惠珊教授根据这一成果总结了强夯置换法，并将其纳入地基处理规范；同一时期，冶金部建筑研究总院和山西省机械施工公司用强夯法处理重庆钢铁公司冶金渣填地基，用作重型工业厂房地基取得成功。

1991 年，深圳市建筑科学中心等将强夯置换碎石墩和强夯置换挤淤沉堤两种方法，分别用于建筑场地地基处理和飞机场跑道、滑行道的拦淤堤施工。

以上项目为解决工业废渣利用和软土地基处理提供了新的思路和途径。

在西部大开发的建设高潮中，我国强夯施工技术又遇到一次难得的发展空间与机会。我国西南地区山大沟深，工程地质条件恶劣，地质灾害频发，搬山填谷、填方造地是我国中西部丘陵、山区解决建设用地的唯一途径。这些填方地基，最大填方高度达百米以上，最大填方量往往在数百万至数千万立方米以上，昆明机场的最大填方量达到一亿立方米以上。这些填方地基的加固绝大多数采用了强夯法处理。传统的分层碾压法，由于对填方材料含水量、粒径、级配要求高，分层厚度小，很难满足大规模填方地基的工期和质量要求。中国建筑科学研究院、中国民航设计院、机场建设集团、西南电力设计院、山西机械化建设集团有限公司在贵州发耳电厂、四川福溪电厂、九寨黄龙机场等西部电厂及机场建设中，针对高填方地基强夯处理中的填方材料、回填工艺、压实功能、稳定性、振动影响、施工工艺等一系列课题进行技术攻关，取得了多项成果，摸索出我国中西部山区、丘陵地区高填方地基以强夯为主的综合整治加固处理方法。

第二章 强夯加固机理

第一节 加固机理的分类

强夯法虽然在实践中已被证实是一种较好的地基处理方法，但到目前为止，还没有一套成熟和完善的理论和设计计算方法。目前，国内学术与工程界普遍将强夯加固机理分为三种类型：动力密实（Dynamic Compaction Method）、动力固结（Dynamic Consolidation Method）和动力置换（Dynamic Replacement），它取决于地基土的类别和强夯施工工艺。

一、动力密实

采用强夯加固多空隙、粗颗粒、非饱和土是基于动力密实的原理，即用冲击型动力荷载，使土体中的孔隙体积减小，土体变得密实，从而提高地基土的强度。非饱和土的夯实过程，就是土中的气相（空气）被挤出的过程，其夯实变形主要是由于土颗粒的相对位移引起的。

二、动力固结

用强夯法处理细颗粒饱和土时，则是借助于动力固结的理论，即巨大的冲击能量在土中产生很大的应力波，破坏了土体原有的结构，使土体局部发生液化并产生许多裂缝，增加了排水通道，使孔隙水顺利逸出，待超孔隙水压力消散后，土体固结。由于土的触变性，其强度也得到了提高。

三、动力置换

动力置换可分为整式置换和桩式置换。整式置换是采用强夯将碎石整体挤入淤泥中，其作用机理类似于换土垫层法。桩式置换是通过强夯将碎石填筑土体中，部分碎石桩（或墩）间隔地夯入软土中，形成桩式（或墩式）的碎石墩（或桩）。其作用机理类似于振冲法等形成的碎石桩，它主要是靠内摩擦角和墩间土的侧限来维持桩体的平衡，并与墩间土起复合地基的作用。

第二节　强夯加固地基的波动原理

一、波动理论概要

对连续弹性体而言，质点在连续介质内振动，其振动的能量可以传递给周围介质，引起周围介质的振动，振动在介质内的传播过程中形成波。波在介质内传播分为纵波和横波。波的传播形式是纵波还是横波由传播的介质所确定。当介质产生剪切应变，弹性恢复力存在时则介质可以传播横波（一般固体介质具有这种性质）。否则不能形成横波，如液体和气体介质除液体表面可以传播瑞利波外不能在内部传递横波。当介质产生拉压变形有弹性恢复力存在时，此种介质可以传播纵波。液体及气体受压缩时，有弹性恢复力作用，剪切时无弹性恢复力，因此在液体和气体中只能传播纵波，在固体中，纵波和横波可以同时存在。

从介质的谐振周期 $T = \sqrt{m/k}$ 分析，介质的谐振周期和质量刚度有关，对液体介质，其刚度 k 值远远大于土体介质，所以当重锤夯击时引起水相和土相介质的振动频率也不相同，因此不同的介质在夯击中引起不同的反应。

二、强夯加固地基时的振动波型

地基是半无限弹性体，强夯处理地基时，由高势能夯锤自由落下和地基土碰撞产生巨大的冲击波，这部分冲击能，一部分以声波的形式向外传播，一部分由夯锤和地基土摩擦而形成热传播，其余大部分冲击能以体波的形式由振源点向地基深层及周围传播，能量释放于可加固的地基中，使土体得到不同程度的压密和加固。强夯夯击时在弹性半空间地基中产生的波场示意见图 2-1。冲击波对地基产生压缩和侧向挤压，产生纵波。纵波的质点振动方向和传播方向相同，所以也称为压缩波（P 波）。冲击波对地基产生的剪切变形，在地基中产生横波，即剪切波（S 波），横波的振动方向和传播方向垂直。

在柱坐标系中，纵波表现为竖直方向的纵向振动和水平方向的径向振动。

横波在柱坐标系中表现为与传播方向垂直的竖向振动（SV 波）（对地基有松动作用）和水平切向振动（SH 波）。在地基表面，SV 波和径向振动波合成为瑞利波（R 波），SH 波和径向振动波合成为乐夫波（L 波），对地基产生松动影响的主要是 SV 波。松动层以下，由于压缩波的作用，使土体得到加固。地基土为一弹性体，在强力夯击下，地基产生变形，其变形量包括塑性及弹性两部分，总变形量除与单击能量大小有关外，也随夯击数而异。

为了更好地理解强夯振动原理，将振动波分解到柱坐标系中进行表达，更为形象和易懂。图 2-2～图 2-4 为柱坐标系中波振动的示意图。

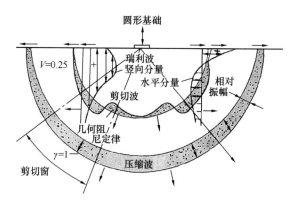

图 2-1　夯锤夯击在弹性半空间地基中产生的波场

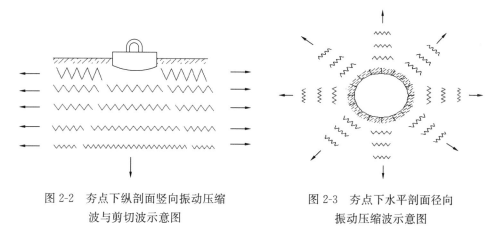

图 2-2　夯点下纵剖面竖向振动压缩
波与剪切波示意图

图 2-3　夯点下水平剖面径向
振动压缩波示意图

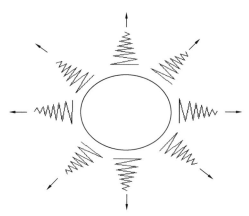

图 2-4　夯点下水平剖面水平切向振动剪切波示意图

第三节 非饱和土的加固原理

对非饱和地基土，初夯变形以塑性变形为主，能量大部分作用于浅层土，使浅层地基得到加固。随夯击次数的增加，夯击能通过较密实的浅层土传播至深层，使深层土得到加固。继续增加夯击次数，浅层土塑变充分发挥，其弹性变形出现。其弹性变形一方面可以传递能量向深层传播，加固深层土体，这是弹性变形有利的一面。另一方面，弹性变形可以使表层出现反弹，使能量损耗，减少夯击效果，这时的表现即为每击的夯沉量逐渐变小，夯击数与夯沉量曲线趋于平缓，其临界点即为最佳夯击能（数）。

在强夯过程中，每次夯击能量都以纵波和横波这两种波能在地基中传播，其能量的分配随地基的夯击加固在发生变化。在初夯时，土体产生压缩塑变，以纵波作用为主。塑变完成产生弹性压缩时，此时横波的作用相对增加，从而降低了夯击效果。这一点也为强夯振动测试随击数的增加、振动反应增强所证实。

在振动测试中，所测的为地基表面波。面波的能量增加意味着体波能量的减少。横波在地基表面极化为垂直方向振动的 SV 波和水平切向振动的 SH 波。

SV 波和压缩波（水平径向振动波）在地基表面合成瑞利波；SH 波和压缩波（水平径向振动波）在地基表面合成乐夫波。面波中的乐夫波影响忽略不计，所以面波多以瑞利波出现，当土体出现弹性变形，再增加夯击数其效果减小。此时可以停夯，确定饱和夯击能。如果在夯坑铺设砂石后继续夯击，可以减少反弹，增加夯击次数，增大加固深度。

所以非饱和土的加固机理，可以归结为压缩波的反复作用，对土体产生固结。一部分能量使土体产生塑变，转换为土的位能，通过土体的弹性变形传递另一部分能量向深层传播，加固深层地基，最终使能量转换为土的塑变位能，这是非饱和土也可多遍夯的原理。

第四节 饱和土的加固原理

关于强夯加固饱和土的机理，梅纳提出了以下几点：

① 由于存在微小气泡，孔隙水具有压缩性；

② 由于冲击力的反复作用，孔隙水压力上升，地基发生液化；

③ 由于裂隙以及土接近液化或处于液化状态，还由于细粒土的薄膜水一部分变为自由水，土的透水性增大；

④ 由于静置孔隙水压力降低，土的触变性得到恢复。动力固结法是加固饱和土（细粒土）的理论依据。

梅纳只是从饱和土的排水固结原理解释了强夯加固饱和土的可能性原理。（张永钧、史美筠两位学者在《地基处理手册》中，对此进行了详细的阐述，在此不再重复），没有对动力学原理做出满意的解释。

一、动力固结的动力学原理

山西省建筑科学研究院崔朝显研究员通过一系列试验现象，利用波动原理精辟解释了强夯加固饱和土的机理。

他指出：对于水位以下的饱和土而言，强夯的冲击波在水位以下取得了有利的传播条件。在液相介质中，只能传播纵波（压缩波）。相对而言，在液相介质中能量的损耗较少。由于在不同的介质中，振动引起的频率、速度、能量不同，有不同的振动效应。当两者的动力差大于土粒对水的吸附能力时，自由水、毛细水将从颗粒之间析出。在实践中我们看到由于连续轻击饱和土，水分产生析出现象，也就是由于水和土粒有不同的振动频率，存在动力差。

在火车行进或启动时，在同一振源作用下，杯中水很容易振动溢出，比固体介质振感突出，这样将水和固体介质混置于一起时，水将产生析出现象；同时，也对固体介质产生冲击作用，又如机械振动筛选机，不同粒径和质量的材料在振动筛上分布在不同的部位。饱和土中水的振动也有同样作用。由于水、土两相混合物在夯击的动力作用下，两者的物理参数不同，振动效应也不同，存在动力差，产生间隙水的聚结，形成动力水的聚结面，造成排水通道。在动力冲击作用下，自由水向低压区排泄，当动水压力超过上复土自重压力时，自由水将喷出地面，经过一段触变土结构恢复，密度增大，强度提高。

所以地基经夯击加固后，可能形成水位下降，土粒含水量减少，增加土的抗渗性能。在一些强夯工程中也曾有类似现象产生，最典型的就是强夯加固可液化地基，是强夯加固饱和土最完美的诠释。

崔朝显研究员曾做过这样的试验：取一部分饱和砂土和饱和状轻亚黏土（粉土），用透水的纱布包扎，不论是砂土或轻亚黏土在自重作用下水分很难或不产生析出；而在振动作用下，对砂土试样，水分极易析出，停放一段时间，试样土密实、固结；而轻亚黏土则需经过较长时间或强烈的振动水分才能析出，停放一段时间，土样密实固结。

二、关于动力固结动力学原理的结论

崔朝显研究员通过这个试验，得出了以下两点结论：

（1）动力排水固结的效应远远大于静态固结效应。

（2）砂土、粉土两种试样需一段振击后，水分才开始析出。但对于饱和粉土则需经历较长时间。一旦出现析水，两者即使在轻微的振动下，水分也能绵绵不断地流出。这种现象表明：由于土中孔隙水和土粒交错均匀排列，水分和土粒处于惯性相对静止状态。要使水分离析，首先要突破两者静止平衡，所以要输入一定的激发能量和适当的振动次数。激发能量的大小和土粒组成有关，当黏粒及粉粒较多时，由于水的吸附力较强，所以需要输入较高的能量和较多的振动击数。

崔朝显研究员认为：强夯法加固粉土地基的效果不及砂性土突出，其原因也在于此，针对这一观点，造成粉土地基强夯效果不及砂土的原因，还应补充以下几点：

（1）对于粉质黏土等一类含黏粒更高的黏性土，在夯击振动后，水的析出需要更长的时间。这就说明：饱和粉质黏土的强夯不但需要更高的夯击能、更多的夯击遍数，还需要更多的遍与遍之间的固结时间。

（2）当大面积强夯时，由于强夯点与点之间的干涉效应，使得排水通道不畅，增加了孔隙水消散的阻力。山西化肥厂一些场地。强夯地基使用数年后，发现地基中一些疏松部位在开挖后充满积水，很明显是由于地基排水通道不畅，使孔隙水向由于某些原因造成局部疏松的区域积聚。

在工程实践中，由于孔隙水消散时间过长（6个月，c、φ 值增长 20%～30%），使强夯加固饱和黏性土的效果大打折扣，失去了其工程应用的价值。因此，张永钧、史美筠指出：对饱和度较高的粉土和粉质黏土地基，一般来说强夯效果不显著，应慎用。

我国工程技术人员，通过在饱和黏性土地表铺设硬质粗颗粒垫层，并在夯击过程中向坑中加硬质粗骨料，建立排水通道，使地基夯坑周围和坑底的孔隙水就近转移，总结提出了加快土层固结的改进型动力固结强夯法，并在此基础上，进一步总结发展出了强夯置换施工工艺，即动力排水固结法。

第五节　强夯置换法的动力固结原理

一、强夯置换法的动力排水固结原理

强夯置换起源于对于饱和软土的强夯加固。1984 年，太原工业大学采用在夯坑中填砂石的办法处理新近堆积软土，场地原为稻田，土质为软塑—流塑的粉质黏土，承载力为 60～70kPa，采用 1600kN·m 的强夯边夯边填，夯后形成 4m 的砂石墩，复合地基承载力达到 200 kPa。1987 年，冶金建筑研究总院和山西省机械施工公司在武汉钢铁公司的龙角湖沼泽地试验强夯置换加固地基取得成功。

强夯置换，从形式上看是一种动力置换。但其实质上是真正的动力固结排水法。强夯置换所形成的硬质粗骨料置换墩，相当于预压地基的排水竖井。而置换墩形成过程中的不断夯击，其对夯间土的不断振击，促使软土地基不断析出水分，向置换墩汇集。因此，在强夯置换中，可以看到置换点的涌水、喷水现象。

从表 2-1 静力固结与动力固结的比较中，不难判断强夯置换法就是真正的动力固结排水法。

静力固结与动力固结的比较　　　　　　　　　　　　　　表 2-1

固结形式	静力固结	动力固结
固结荷载	静荷载	动荷载
加载形式	天然地基堆载、地基堆载＋排水通道、真空预压＋排水通道	强夯夯击振动
排水通道	袋装砂井、塑料排水板、地基中透水层	强夯置换墩
特点	排水固结持续缓慢	排水固结间断性，较快
加载方式	真空预压，一次性加载，堆载预压，分级加载	隔点分遍夯击
施工方法	天然地基堆载法、地基堆载＋袋装砂井、塑料排水板法，真空预压＋袋装砂井、塑料排水板法，真空预压＋地基堆载＋袋装砂井、塑料排水板法，降水预压排水法，电渗排水预压法	强夯置换法；强夯半置换法
适用范围	淤泥质土、淤泥、冲填土	淤泥、淤泥质土、冲填土、高饱和度的黏性土、素填土地基、软塑红黏土地基
固结效应	小	大

二、改进型的动力固结法（强夯半置换法）

强夯半置换法是在强夯置换法的启发下，形成的一种专门用于处理承载力在 $80\sim120kPa$ 之间的饱和黏性土的施工工艺。这类土包括高饱和的一般黏性土、软塑状的红黏土等地基。

强夯半置换与强夯置换的区别在于由于这类饱和黏性土有一定的强夯置换墩的长度，不需全部穿透土层。根据土层厚度，达到置换处理土层的 $1/2\sim2/3$。强夯半置换墩的形成，可使夯间及墩底土层产生孔隙水，从墩体排出，从而使夯间及墩底部的土层的强度有一定的提高，满足下卧层的强度要求。

三、动力固结排水法工程实例（强夯置换）——武钢龙角湖沼泽地填渣强夯置换

本项目为 20 世纪 80 年代末，由武钢地基组、冶金部建筑研究总院、山西省机械施工公司合作共同研发的项目。

（一）场地概况

武钢龙角湖沼泽地是废弃的武钢工业港地，面积 57 万 m^2，厂区自然地面标高 23.00m 左右，设计地面标高 28.0m。场地位于人工填土、运河淤泥、湖塘相沉积层和长江河漫滩阶地等地貌交汇处，与长江相通。周围有防洪堤。整个场地属于沼泽地段，浸水池中含沥青，水下有淤泥，遍地树木茂盛，水草丛生，最不良的地质现象是运河淤泥层和湖塘相沉积层。地基承载力只有 40～60kPa。大部

分面积被这层土覆盖。淤泥及淤泥质土厚度在 2～8m 之间。最厚处可达 11m。每逢汛期，长江水倒灌，整个场地一片汪洋。

武钢扩建工程中，场地均处于条件差、场地低洼的位置，面临的几个难题：

1. 大面积软土处理难，工业厂房设计要求高；

2. 设计地面较天然地面相差 5m 左右。如何填平这一大片洼地，需要将地面下 15m 左右的饱和黏性土、软土的沉降控制在可接受的水平内，需要回填的土方量达 700 多万 m³，而武钢附近的数十千米范围内已无土可取；

3. 武钢渣场已堆放钢渣 700 多万 m³，而每年仍有 100 多万 m³ 钢渣排放，渣场渣满为患，危及钢铁生产和城市环境。

在进行了挖淤换土，预制桩、振冲渣桩和堆载预压等多种方案比较后，均有费用高、工期长、施工难度大、质量难以保证等问题。

在地基处理的同时，如能解决渣的处理问题，开辟一条以渣代土，废渣利用的新途径，对解决填方土料、土源、节省渣场的投资有极大的经济价值。

（二）处理方法

1. 填渣强夯挤淤即强夯置换法，适用于淤泥厚度小于 5m 的区域，且有较好下卧层的场地。强夯可使夯点下的淤泥向四周挤出。然后用矿渣填入夯坑内，代替被挤出的淤泥。当夯坑夯到一定深度或拔锤困难时，随即向夯坑内填渣，反复填夯，使每个夯点形成一根密实的渣柱，并穿透淤泥层，使渣柱底端支撑于下卧层较好的土层下。这样夯密实的渣柱强度很高，承载力一般都在 300kPa 以上，其次，在填渣挤淤过程中，必然将部分渣侧向挤入夯间的淤泥中，使之成为渣与淤泥的结合物。从而可改善夯间淤泥性质。同时，在填渣强夯的过程中，强夯产生的振动，使淤泥的水析出，极易产生很高的孔隙水压力，渣柱是良好的竖向排水通道，便于吸收夯间的淤泥水分的排出。

2. 钢渣碎石桩＋钢渣垫层强夯法也是一种动力排水固结法，适用于淤泥厚度＞5m 的区域。

（三）处理目的

1. 重型 I 类厂房

（1）基底的承载力特征值 $f_{ak} \geq 300kPa$；

（2）钢渣夯实层的压缩模量 $E_s \geq 15.0MPa$；

（3）下卧层（钢渣夯实层以下）的压缩模量 $E_s \geq 7.0MPa$；

（4）基底以下 5m 处的附加应力 $p_z \geq 100kPa$；

（5）基底以下 10m 处的附加应力 $p_z \geq 50kPa$。

2. 中型 II 类厂房

（1）基底的承载力特征值 $f_{ak} \geq 200kPa$；

（2）钢渣夯实层的压缩模量 $E_s \geq 12.0MPa$；

（3）下卧层（钢渣夯实层以下）的压缩模量 $E_s \geqslant 6.0$MPa；

（4）基底以下 5m 处的附加应力 $p_z \geqslant 70$kPa；

（5）基底以下 10m 处的附加应力 $p_z \geqslant 35$kPa。

（四）处理方案

地基处理试验共分为三个区，其中，Ⅰ、Ⅲ区为强夯试验区，淤泥和淤泥质土厚度 2～5m，施工方法为先铺 1.5～2m 厚的钢渣，再进行 3000kN·m 和 5000kN·m 的强夯。强夯时采用了夯击加填渣的工艺，即先夯 3～5 击，当夯坑过深致使拔锤困难时，用钢渣将夯坑填平继续夯，夯至 20 击。Ⅱ区为钢渣碎石桩辅以强夯区，淤泥和淤泥质土厚度 5～7m。施工时，先填钢渣 1～1.5m 厚，再打 10m 长的夯扩桩，桩身材料选用经破碎分选的钢渣粒料，粒径 1～5cm。夯扩桩施工完毕后，进行低能级（1500kN·m）满夯，再填 3～4m 厚的钢渣，进行 3000kN·m 的强夯。由于Ⅱ试区施工工艺不是单纯意义上的强夯，不是本节讨论的重点，本节仅就Ⅰ、Ⅲ试区的试验结果进行研究分析。

1. 场地地层概况

① 运河相淤积层（Q^{yu}）

淤泥，呈软塑—流塑状态，$w = 53.2\%$，$I_L = 1.13$，$a = 1.26$MPa^{-1}，$E_s = 2.2$MPa，$e = 1.51$，厚度 0.7～2.6m。

② 湖塘相淤泥质土（Q_L），位于淤泥层下，多呈流塑状态，$w = 52.6\%$，$I_L = 1.07$，$a = 1.54$MPa^{-1}，$E_s = 2.3$MPa，$e = 1.46$，厚度 0.5～3m。

③ 第四纪全新统冲积层（Q_4^{al}）

粉质黏土及黏土层，平均 $w = 24.1\% \sim 28.2\%$，$e = 0.75 \sim 0.8$，$a = 0.26 \sim 0.31$MPa^{-1}，$E_s = 7.06 \sim 8.41$MPa，承载力 90 kPa 以上，层底标高低于 13.00m。

2. 强夯施工技术参数

Ⅰ、Ⅲ强夯试验区施工技术参数见表 2-2。

强夯施工技术参数　　　　　　　　　　　　　　　　表 2-2

试验区	锤形	锤重 (kN)	底面积 (m²)	能量 (kN·m)	夯点 间距 (m)	平均夯击能 (kN·m/m²)	挤淤置换率	强夯遍数
Ⅰ（甲） Ⅰ（乙）	球底 球底	180	5	3500	4.5×4.5 3.5×3.5	7740 12260	0.48 0.8	5
Ⅰ（丙） Ⅰ（丁）	平底 平底	250	7	5000	3.5×3.5 4.5×4.5	17140 10700	1.15 0.7	
（满夯）	平底	150	5	2000	夯印相切			
Ⅲ区	球底 平底 （满夯）	180 150	5 5	2000 1500	4.0×4.0 夯印相切	10800		4

注：挤淤置换率系指填渣强夯形成的渣桩柱面积与每柱所加固的面积之比，渣柱的断面积按锤底面积计算。

(五) 加固效果

1. 钻孔揭露的挤淤深度以内各土层的变化

人工素填土层，部分被挤入夯间，成为渣土混合体或包裹体，渣中夹层，部分被压缩在渣底，呈薄层或孤岛状突起，呈软塑—硬塑状态，在 51 个钻孔中，有 22 个孔有揭露，一般厚度在 0.4～1.5m 之间。

运河相淤泥层，几近消失，混合于渣中，51 个钻孔，只有一个孔揭露，位于 3500kN·m、4.5m 夯距 I（甲）区内的夯间钻孔中呈孤岛状存在，厚 2.2m。

湖塘相沉积层，夯点下有残存薄层，夯间下部为孤岛状突起，厚度在 0.4～1.77m，呈可塑—流塑状态，夯间上部形成渣中包裹体或渣土混入物。

第四纪冲积粉质黏土，粉土层分布受挤淤影响不大。

2. 挤淤前后软淤土层厚度的变化

填渣强夯挤淤前的 13 个钻孔揭露，软弱土层厚度 4m 左右（包括人工素填土层），运河相及湖塘相软淤厚度变化在 1.5～3.6m，平均厚度 2.42m，强夯挤淤后，51 个钻孔揭露，运河相淤泥层几近消失，湖塘相变薄，淤泥平均厚度只有 0.7m，说明填渣挤淤效果是较为明显的。

I 区填渣强夯挤淤后渣层强度检测结果见表 2-3。

按重型动力触探值 N_{120} 测得的渣层强度（I 区）　　　　　表 2-3

	深度（m）	N_{120}（平均）（击）	f_{ak}（kPa）	E_s（MPa）
夯间	0～3.3	$N_{120}=15$	350	25.5
	3.3～6.3	$N_{120}=8$	310	21.5
夯点	0～6.3	$N_{120}=15$	350	25.5
复合地基	0～3.3		350	25.5
	3.3～6.3		310	21.5

I 区填渣强夯挤淤后由土工试验检测确定的黏性土强度指标见表 2-4。

根据土工试验确定的黏性土的强度指标对比（I 区）　　　　　表 2-4

地层名称	承载力特征值 f_{ak}（kPa）		压缩模量 E_s（MPa）	
	夯前	夯后	夯前	夯后
素填土	50	缺失	1.05	缺失
运河相淤泥	40	缺失	1.34	缺失
湖塘相淤泥质黏土	50	60	3.72	4.9
第四系全新统粉质黏土	130	200	5.0	7.0
第四系全新统粉土	110	120	5.9	6.6

渣柱下粉质黏土层夯前夯后静力触探指标对比见表 2-5。

渣柱下粉质黏土层静探指标对比　　　　　　　　　　表2-5

地层土名	指标	q_c	f_s	f_{ak}	E_0
	单位	kPa	kPa	kPa	MPa
Q$_4^{al}$ 可塑粉质黏土层	夯前	1020	36	151	9.1
(6.8～9.7m)	夯后	1170	19	156	9.6

Ⅰ区填渣强夯挤淤处理后力学综合特性见表2-6。

Ⅰ区夯后的力学特性综合　　　　　　　　　　表2-6

土层	深度（m）	实测值			建议值	
		f_{ak}（kPa）	E_0 或 E_s（MPa）	测定方法	f_{ak}（kPa）	E_0 或 E_s（MPa）
填渣挤淤层	0～3.3	350	25.5（E_s）	由 N_{120} 推出	350	30
	3.3～6.3	310	21.5（E_s）	由 N_{120} 推出	（0～3.3m）	
	0～4.30	274	37.0（E_0）	静载甲区复合地基	350	20
	0～4.30	450	36.7（E_0）	静载乙区直径3m渣柱上	（3.3～6.6m）	
粉质黏土层	6.3m以下	180	7.0（E_s）	土工试验	180	7.0
	6.8～9.7	155	9.5（E_s）	静探	（6.3～10.3m）	
	6.0～10.3	220	标贯			

Ⅲ区黏性土层处理前后力学特性变化见表2-7。

Ⅲ区黏性土层按土性指标得出的力学特性的变化　　　　　　表2-7

土层	承载力特征值 f_{ak}		压缩模量 E_s（MPa）	
	夯前	夯后	夯前	夯后
	（kPa）	（kPa）		
运河相淤泥	50	—	2.06	缺失
湖塘相淤泥质黏土	50	—	2.49	
第四系全新统粉质黏土	180	200	5.06	6.9
第四系全新统粉土	110	120	8.14	8.9
粉细砂	130	140	8.4	10.5

Ⅲ区强夯处理后渣层力学指标综合评价见表2-8。

Ⅲ区渣层的 f_{ak}（kPa）和 E_s（MPa）值　　　　　　表2-8

深度（m）	夯点			夯间		
	N_{120} 界限/平均（击）	E_s（平均）	f_{ak}（平均）	N_{120} 界限/平均（击）	E_s（平均）	f_{ak}（平均）
0～6.0	$\dfrac{5～30}{15}$	26	360	$\dfrac{2～30}{10}$	23	330

Ⅲ区填渣强夯挤淤后渣层以下土层力学指标变化见表2-9。

Ⅲ区渣层以下土层的力学指标变化（静探）   表 2-9

指标 土层	f_{ak}（kPa）		E_0（MPa）	
	夯前	夯后	夯前	夯后
Q_4^{al} 可塑粉质黏土	94	105	2.0	2.6
Q_4^{al} 粉细砂	108	119	7.7	8.6
Q_4^{al} 可塑粉质黏土	100	82	4.2	3.1

Ⅲ区强夯处理后加固效果综合评价见表 2-10。

Ⅲ区的加固效果综合评价   表 2-10

土层	测试方法	f_{ak}（kPa）	E_0 或 E_s （MPa）	建议值	
				f_{ak}（kPa）	E_s（MPa）
渣层深度内 （复合地基）	静载试验	420	34.0（E_0）	350	30.0
	N_{120} 动触	345	24.5（E_s）		
第四系粉质黏土	土工试验	200	6.9（E_s）	150	6.9
	静探	105	2.6（E_0）		
	标贯	160			
第四系粉土	土工试验	120	3.9（E_s）	120	8.9

3. 施工过程中孔隙水压力的变化

（1）Ⅰ试区孔隙水压力变化

Ⅰ试区共埋设一组孔隙水压力测试点，测试点位于 5000kN·m 平底锤的试验小区旁。夯点间距为 3.5m×3.5m。

这里主要分析这一小区各个夯点强夯时对孔隙水压力的变化。这里 1 号、5号、9 号、21 号、22 号夯点为Ⅰ（乙）区第一遍夯点，33 号是第二遍夯点，其中 1 号、5 号、9 号孔压记录完整，是重点分析的对象。

另外，还分析了Ⅰ（丁）5000kN·m，4.5m×4.5m 夯距平底锤试区 8 号夯点（一遍夯），3500kN·m，4.5m×4.5m 夯距球形锤Ⅰ（甲）27 号夯点（一遍夯）对孔隙水压力的影响。

表 2-11 为Ⅰ试区孔压测点距各夯点距离。表 2-12～表 2-17 为各夯点夯击时的孔压测试记录。

Ⅰ试区孔压测试点与强夯点距离（m）   表 2-11

孔压计编号		Ⅰ-KY-1	Ⅰ-KY-2	Ⅰ-KY-3	Ⅰ-KY-4	Ⅰ-KY-5	Ⅰ-KY-6
孔压计埋深（m）		9	7	5	3	5	5
夯点编号	1	3	3	3	3	4.5	6
	5	5.6	5.6	5.6	5.6	6.7	7.6
	9	6	6	6	6	8	9.4
	22	6	6	6	6	8	9.4
	21	7.8	7.8	7.8	7.8	9.2	10.5
	27	13.5	13.5	13.5	13.5	14.3	15.2
	8	25.8	25.8	25.8	25.8	27.6	29.1

1号夯点夯击24小时孔压测试记录表（夯击时间：第1年12月31日）　　表2-12

孔压计编号	埋深 （m）	峰值 （kPa）	峰值时 夯击数	最后一击 孔压数值 （kPa）	下一夯点 夯击前孔压 （kPa）	消散 幅度（%）	消散 时间（h）
Ⅰ-KY-1	9	49.6	20	49.6	7.3	85.3	24
Ⅰ-KY-2	7	94.6	15	90.3	8.2	91.2	24
Ⅰ-KY-3	5	86	15	38.7	31.2	60.3	24
Ⅰ-KY-4	3	62.3	12	29.6	13.4	78.5	24
Ⅰ-KY-5	5	79.8	15	79.8	8.1	90	24
Ⅰ-KY-6	5	40.3	20	40.3	7.4	81.6	24

注：1号点同一位置孔压消散幅度按埋深排序：7m＞9m＞3m＞5m。

5号夯点夯击24小时孔压测试记录表（夯击时间：第2年1月1日）　表2-13

孔压计编号	埋深（m）	峰值 （kPa）	峰值时 夯击数	最后一击 孔压数值 （kPa）	下一夯点 夯击前孔压 （kPa）	消散 幅度（%）	消散 时间（h）
Ⅰ-KY-1	9	23.4	13	未测	4.0	81.2	24
Ⅰ-KY-2	7	76.6	14	未测	2.7	96.5	24
Ⅰ-KY-3	5	34.2	3	26.7 （15击）	0	100	24
Ⅰ-KY-4	3	38.7	3	23.8 （16击）	8.9	77	24
Ⅰ-KY-5	5	25.9	17	25.9 （17击）	11.3	56.4	24
Ⅰ-KY-6	5	35.3	18	35.3	7.4	79	24

8号夯点夯击24小时孔压测试记录表（夯击时间：第2年1月3日）　表2-14

孔压计编号	埋深 （m）	峰值 （kPa）	峰值时 夯击数	最后一击 孔压数值 （kPa）	下一夯点 夯击前孔压 （kPa）	消散 幅度（%）	消散 时间（h）
Ⅰ-KY-1	9	14.6	10	7.3	0	100	24
Ⅰ-KY-2	7	26	20	26	5.5	78.8	24
Ⅰ-KY-3	5	18.4	20	18.4	0	100	24
Ⅰ-KY-4	3	11.9	20	11.9	6	50	24
Ⅰ-KY-5	5	17.8	10	14.5	3.2	82	24
Ⅰ-KY-6	5	11.8	10	11.8	2.9	75.4	24

9 号夯点夯击 24 小时孔压测试记录表（夯击时间：第 2 年 1 月 4 日）表 2-15

孔压计编号	埋深（m）	峰值（kPa）	峰值时夯击数	最后一击孔压数值（kPa）	下一夯点夯击前孔压（kPa）	消散幅度（%）	消散时间（h）
Ⅰ-KY-1	9	39.4	18	35	20.4	48.2	24
Ⅰ-KY-2	7	64.3	20	64.3	49.2	23.4	24
Ⅰ-KY-3	5	34.2	20	34.2	15.5	54.7	24
Ⅰ-KY-4	3	19.4	20	19.4	11.9	38.7	24
Ⅰ-KY-5	5	19.4	18	17.8	6.4	67	24
Ⅰ-KY-6	5	26.5	20	26.5	19.1	30	24

27 号夯点夯击 24 小时孔压测试记录表（夯击时间：第 2 年 1 月 11 日） 表 2-16

孔压计编号	埋深（m）	峰值（kPa）	峰值时夯击数	最后一击孔压数值（kPa）	下一夯点夯击前孔压（kPa）	消散幅度（%）	消散时间（h）
Ⅰ-KY-1	9	19	20	19	10.2	46.3	24
Ⅰ-KY-2	7	34.3	20	34.3	28.6	16.6	24
Ⅰ-KY-3	5	46.1	20	46.1	44.6	3.2	24
Ⅰ-KY-4	3	25.3	20	25.3	20.9	17.4	24
Ⅰ-KY-5	5	22.6	20	22.6	16.2	28.3	24
Ⅰ-KY-6	5	23.5	20	23.5	14.7	37.4	24

33 号夯点夯击时孔压测试记录表（夯击时间：第 2 年 1 月 12 日） 表 2-17

孔压计编号	埋深（m）	峰值（kPa）	峰值时夯击数	最后一击孔压数值（kPa）	下一夯点夯击前孔压（kPa）	消散幅度（%）	消散时间（h）
Ⅰ-KY-1	9						
Ⅰ-KY-2	7						
Ⅰ-KY-3	5						
Ⅰ-KY-4	3	59.7	11	59.7 (11)	20	66.5	24
Ⅰ-KY-5	5						
Ⅰ-KY-6	5						

注：1.33 号夯点：其余孔压在测试到不同击数时断线，停止测试；

2. 从 1 月 4 日以后至 1 月 11 日之间，夯击 8 个点之间孔压变化类似，9 号夯点测试记录略。

（2）孔压测试结果分析

1）24 小时孔压消散情况

强夯后 24 小时孔隙水压力消散幅度见表 2-18。

孔隙水压力消散幅度统计表 表 2-18

时间 \ 埋深(m) \ 夯点编号	1号	5号	9号	27号	8号
24 小时孔隙水压力消散幅度（%） 3	78.5	77	38.7	17.4	50
5	60.3	100	(50.6) 54.7，67，30	(32.0) 28.3，37.4	(85.8) 100，82，75.4
7	91.2	96.5	23.4	16.6	78.8
9	85.3	81.2	48.2	46.3	100
24 小时消散幅度（%）平均值	78.5	88.7	40.2	28.3	78.6

注：括号内的数据为平均值，1号、5号等为夯点编号。

2）一遍夯后孔隙水压力消散情况

一遍夯后孔隙水压力消散幅度见表 2-19。

一遍夯后孔隙水压力消散幅度统计表 表 2-19

孔压测试点编号	Ⅰ-KY-1	Ⅰ-KY-2	Ⅰ-KY-3	Ⅰ-KY-4	Ⅰ-KY-5	Ⅰ-KY-6
测试点埋深（m）	9	7	5	3	5	5
消散幅度（%）	79.4	69.3	43	66.9	80	63.5

3）二遍夯后孔隙水压力测试情况

二遍夯后孔压测试逐渐断线没有完整记录，根据现有记录，只测得Ⅰ-KY-4 夯后 76 天后记录，其消散幅度为 $1 - \dfrac{10.7}{62.3} = 83\%$。

4）孔隙水压力峰值分析

孔隙水压力峰值统计见表 2-20。

各测试点孔压峰均出现在夯点夯击过程中，以后各点的峰值均小于第一夯点。

孔隙水压力峰值统计（kPa） 表 2-20

夯点位置 \ 埋深(m) \ 夯点编号	5000kN·m能级，3.5m夯距，平底锤夯区			3500kN·m能级，3.5m夯距，球形锤	5000kN·m能级，4.5m夯距，平底锤
	1号	5号	9号	27号	8号
3	62.3	38.7	19.4	25.3	11.9
5	78.7	34.2	32.7	46.1	18.4
7	94.6	26.5	64.3	34.3	26
9	49.6	23.4（13 击）	39.4（18 击）	19	7.3

注：9m深度时，5号夯点和9号夯点孔压数据不在同一夯击数上。

图 2-5 是Ⅰ试区填渣强夯挤淤处理过程中及处理后孔隙水压力测试结果曲线图。

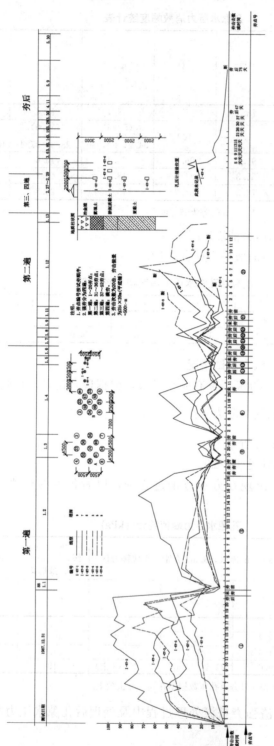

图 2-5 Ⅰ区孔隙水压力测试结果

从表 2-12～表 2-17 可以看出：

① 从孔隙水压不同深度的峰值比较可以看出，强夯的有效加固深度大于 9m。5000kN·m，3.5m 夯距，平底锤的有效加固深度最大应力处为 7m；

② 3500kN·m，4.5m 夯距平底锤的有效加固深度最大应力处为 5m；

③ 5000kN·m，4.5m 夯距平底锤的有效加固深度最大应力处为 7m；

④ 孔隙水压力峰值的大小与测试点距夯击点的距离有关，距离近的峰值高；

⑤ 8 号夯点与孔压测试点距离最远，虽然峰值为 26kPa，24 小时消散幅度达 81.4％，说明夯点虽距测试点距离达 25m 以上，但强夯对孔隙水压力的影响也是不可忽略的。

（3）Ⅲ 试区孔隙水压力变化情况

Ⅲ 区强夯试验从 1988.3.21 日开始，分为三遍点夯、一边满夯。第一遍从 3 月 31 日开始至 3 月 22 日，共夯击 7 个点，第二遍点夯从 3 月 23 日开始至 3 月 25 日结束，共夯击 8 个点，第三遍从 3 月 28 日开始至 4 月 1 日结束，共夯击 10 个点，第四遍满夯从 4 月 2 日开始至 4 月 3 日结束。

Ⅲ 区强夯的时间是每日上午 8 时开始至下午 6 时结束，一天连续夯击 10 小时，由于点与点之间在工作时间是连续进行的，因此孔压消散的节点为第二日开夯前最低消散点，而孔压最高峰值在每个夯点的最后一击时出现。

表 2-21 是 Ⅲ 区填渣强夯挤淤施工期间孔隙水压力变化统计。

Ⅲ试区强夯时孔隙水压力变化统计表（kPa）　　　　　表 2-21

孔压计编号	孔压计埋深（m）	第 1 夯点结束时峰值	3.21～3.22 间歇期最低值	第 5 夯点结束时峰值	3.22～3.23 间歇期最低值	第 13 夯点结束时峰值	3.24～3.25 间歇期最低值	第 14 夯点结束时峰值	3.25～3.28 间歇期最低值	第 20 夯点结束时峰值	3.28～4.1 间歇期最低值
Ⅲ-KY-1	9	66	5	35.8	12.8	41.1	10.0	53.9	18.3	36	12.0
Ⅲ-KY-2	3	27.6	12.6	19.6	17.6	24.4	16.4	26.2	19.4	35.9	15.4
Ⅲ-KY-3	5	35.8	4	18.8	8.8	18	6.2	22.5	8.6	18	5.9
Ⅲ-KY-4	7	32.5	1.5	18.2	7.1	16.8	6.3	24	6.9	16.4	4.2
Ⅲ-KY-5	5	25	4.3	17.8	8.4	13.0	6.2	18	8.8	14.4	6.8
Ⅲ-KY-1	9	34	37	17	26.6	12.4	9.2	7.4	5.6	5.6	4.6
Ⅲ-KY-2	3	47.2	42.7	18.6	37.6	16.4	14.2	13.6	11.6	11	8.4
Ⅲ-KY-3	5	27.8	18	6.6	15.2	4.1	3.9	3.7	2.8	2.6	2
Ⅲ-KY-4	7	20.3	15.5	4.9	12.7	3.3	2.9	2.4	1.7	1.3	0.9
Ⅲ-KY-5	5	15.8	14.1	6.8	12	5.2	5.1	4.8	4	4	3.2

图 2-6 是 Ⅲ 试区填渣强夯挤淤处理过程中及处理后孔隙水压力测试结果曲线图。

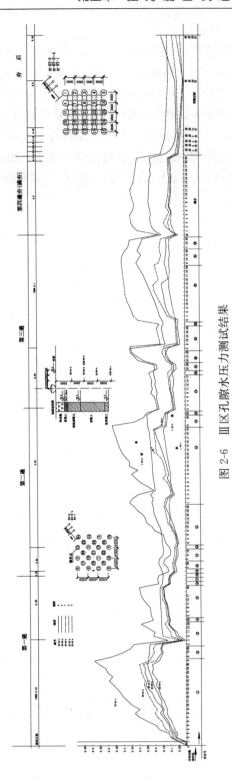

图 2-6 Ⅲ区孔隙水压力测试结果

Ⅲ试区各孔压测试点与夯点距离见表 2-22。

Ⅲ试区孔压测试点与夯点距离（m） 表 2-22

孔压计编号		Ⅲ-KY-1	Ⅲ-KY-2	Ⅲ-KY-3	Ⅲ-KY-4	Ⅲ-KY-5
孔压计埋深（m）		9	3	5	7	5
夯点编号	1	3.5	4.5	4.5	4.5	6.0
	5	16	17.5	17.5	17.5	18.4
	13	18	19.5	19.5	19.5	21.8
	14	20	21.5	21.5	21.5	22.8
	20	15.5	16.5	16.5	16.5	18
	23	17.7	19.2	19.2	19.2	20.4
	24	20	21.5	21.5	21.5	22.8

Ⅲ试区孔压测试点各节点消散情况见表 2-23。

Ⅲ试区孔压消散节点消散幅度（%） 表 2-23

孔压计编号	3.21~3.22 间歇期	3.22~3.23 一遍夯后	3.24~3.25 间歇期	3.25~3.28 二遍夯后	3.28~4.1 间歇期	4.1~4.2 三遍夯后	4.4夯后第1天	4.6夯后第2天	4.8夯后第4天	4.11夯后第7天	4.15夯后第11天	5.9夯后第35天
Ⅲ-KY-1	92.4	80.6	84.8	72.3	82	65.7	81.2	86	88.8	91.5	81.5	93
Ⅲ-KY-2	54.3	36.2	40.6	29.7	57	60.6	65.3	70	72	75.4	77	82.2
Ⅲ-KY-3	88.3	75.4	82.7	76	83.5	81.6	88.5	89.7	89.7	92.2	92.7	94.4
Ⅲ-KY-4	95.4	71.5	80.6	28.8	87.1	84.9	89.6	91.1	92.6	94.7	96	97.2
Ⅲ-KY-5	82.8	66.4	75.2	64.8	74	74	79.2	79.6	80.8	84	84	87.2

注：1. Ⅲ-KY-1、Ⅲ-KY-3、Ⅲ-KY-4、Ⅲ-KY-5 号孔压计消散幅度均以 1 号夯点峰值，Ⅲ-KY-2 号孔压计，3.25~3.28 日以前均以 1 号夯点孔压计峰值为基准，3.28~4.1 日以 20 号夯点峰值为基准，4.1~4.2 日后以 23 号夯点峰值为基准。

2. 消散幅度 $= \dfrac{\text{峰值} - \text{低值}}{\text{峰值}} \times 100\%$

说明：孔压在夯后 35 天，下降幅度在 82.2%～97.2% 之间，平均下降 90.8%，证明强夯排水效果非常明显，矿渣墩确实起到了排水通道的作用。

第六节　高水位地基强夯机理及施工技术研究

一、高水位地基强夯机理

高水位地基指地下水位在地表下 4m 以上的地基，如河漫滩地基、平原、盆地中心洼地、沼泽等高水位的地基，沿海、填海造地形成的地基一般也属于高水位地基。

高水位地基主要为固相、液相两相地基，由于以上原因，其强夯的加固机理与没有地下水或地下水位很低的地基有很大的不同，在施工中所出现的问题也更加复杂。

从介质的谐振周期 $T = \sqrt{m/k}$ 分析，介质的谐振周期与质量、刚度有关。对液体介质，其刚度 k 值远远大于土体介质，故夯锤夯击时在水相和土相介质中产生的振动频率与反应也不相同。在强夯时当夯锤与地下水位碰撞会产生什么样的结果呢？

（一）强夯时夯锤的运动形式

强夯时，夯锤悬挂在脱钩器上通过起重机的提升装置，慢慢提升至预定的高度，控制提升高度的拉绳将脱钩器打开，夯锤自动落下，与地面撞击后，将地基土夯实。地基土被压缩后，会产生塑性变形，同时也会产生一部分弹性变形，对夯锤形成反弹力，造成夯锤的竖向振动，这种振动在夯锤自重和空气阻力的作用下，很快停止。

很显然，夯锤从脱钩到落地静止，经过了三个过程。第一个过程是脱钩，从上升状态突然变为自由落体；第二个过程是夯锤的自由落体运动，夯锤从脱落状态到与地基碰撞，是一个冲击运动；第三个过程是夯锤与地面接触后，夯锤速度由 $V_{最大}$ 变为零，从自由落体变为机械振动。

（二）机械振动的概念及特性

常见的机械振动往往是周期性的，也就是说每隔一段固定的时间，运动状态就重复一次，这固定时间 T 称为振动的周期；每秒内振动的次数称为频率，频率常用 f 来表示，单位为 Hz；周期和频率互成倒数。

有些振动也可能是非周期性的，例如来回振动一次所需的时间前后不同，或者各次振动的幅度有变化，以致每一次振动都不能与上一次振动完全重复。质点在作机械振动时，来回往复的运动轨迹，在最简单的情况下，往往在一条直线上，这种振动称为直线振动，最简单的直线振动是简谐振动。

1. 简谐振动

（1）简谐振动的表达式：

$$x = A\cos(\omega t + \phi) \tag{2-1}$$

式中：x 为位移；A 为振幅。

简谐振动的矢量表示见图 2-7。

（2）简谐振动的速度：

$$v = \frac{\mathrm{d}x}{\mathrm{d}t} = -\omega A\sin(\omega t + \phi) \tag{2-2}$$

也可写成：

$$v = v_{\mathrm{m}}\cos\left(\omega t + \phi + \frac{\pi}{2}\right) \qquad (2-3)$$

式中：v_{m} 为振速幅度，即 $v_{\mathrm{m}} = \omega A$。

（3）简谐振动的加速度：

$$a = \frac{\mathrm{d}v}{\mathrm{d}t} = \frac{\mathrm{d}^2 x}{\mathrm{d}t} = -\omega^2 A\cos(\omega t + \phi) \quad (2-4)$$

也可写成：

$$a = a_{\mathrm{m}}\cos(\omega t + \phi \pm \pi) \qquad (2-5)$$

式中：$\omega^2 A$ 为加速度振幅，即 $a_{\mathrm{m}} = -\omega^2 A$。

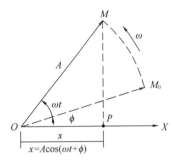

图 2-7　简谐振动的矢量图表示

（4）位移、速度、加速度的振幅不同，但周期均相同。

除振幅不同外，速度的位相比位移的位相多一项，速度的位相比位移的位相超前 $\pi/2$，加速度的位相则比位移的位相超前 π（或落后 π）。

（5）通过以上表达式推论得出以下结论

1）由 $a = -\omega^2 x$ 可知，即简谐振动的加速度和位移成正比而方向相反，这是简谐振动的运动学特征。

2）当 $(\omega t + \phi) = 0$ 时，位移最大，速度为零，加速度最大；

当 $(\omega t + \phi) = \pi/2$ 时，位移为零，速度最大，加速度为零；

其中 ϕ 为运动矢量与 x 轴的夹角。

3）简谐振动的条件：当物体所受的恢复力与位移成正比而反向时，物体所做的振动就是简谐振动，做简谐振动的物体通常称为谐振子。

强夯施工时，夯锤就类似于一个谐振子。当夯锤脱钩落地后，地基土被压缩变形，夯锤相当于一个弹簧振子。地基土的变形一部分为塑性变形，一部分为弹性变形。夯锤撞击地面后，会在地基土的反弹力作用下，做上下直线振动。

简谐振动是一种理想情况，实际上振动物体总是受到阻力作用的，物体围绕平衡位置振动的振幅会逐渐减小，最终静止，这是地基土为固相时的夯击情况。

弹簧振子的周期为：

$$T = \frac{2\pi}{\omega} = 2\pi\sqrt{\frac{m}{k}} \qquad (2-6)$$

式中：k 为弹簧的刚度系数；m 为振子质量。

2. 阻尼振动

在回复力和阻力作用下的振动称为阻尼振动。

阻尼振动的位移表达式为

$$X = A_0 e^{-\beta t} \cos\ (\omega' t + \phi_0) \tag{2-7}$$

式中　$\omega' = \sqrt{\omega_0^2 - \beta^2}$

从阻尼振动的位移－时间曲线可知：在一个位移极大值之后，隔一段固定的时间，就出现下一个较大的极大值。所以严格来说，阻尼振动不是周期振动，因为位移不能在每一周期后恢复原值，因此我们常把阻尼振动叫做准周期运动。如果我们把位相变化 2π 所经历的时间叫做周期，即阻尼振动的周期为：

$$T = \frac{2\pi}{\omega'} = \sqrt{\frac{2\pi}{\omega_0^2 - \beta^2}} \tag{2-8}$$

其中 β 称为阻尼振子，令 $\dfrac{k}{m} = \omega_0^2$，$\dfrac{\gamma}{m} = \beta$，$\gamma$ 称为阻尼系数。

它就是物体相继两次通过相邻的极大值（或极小值）所经历的时间，其较无阻尼的周期为长，这就是说由于"阻尼"振动变慢了，振幅 $A = A_0 e^{-\beta t}$ 也随时间的增加而减小，因此阻尼振动也称减幅振动。

阻尼越小，振幅减弱越慢，每个周期内损失的能量也越小，周期也接近无阻尼自由振动的周期，运动接近于简谐振动；阻尼越大，振幅的减小越快（如图 2-8b 中曲线 2 所示的阻尼振动，其振幅比曲线 1 所示的减得较快），周期比无阻尼时长得多；阻尼过大，甚至在未到平衡位置以前，能量就消耗完毕，振动物体通过非周期运动的方式回到平衡位置，图 2-8（b）中曲线 4、5 表示的便是这种过阻尼的情况，如果阻尼的大小刚好使振动物体开始做非周期运动，这种情况称为临界阻尼，如图 2-8（b）中曲线 3 所示，在过阻尼状态和减幅振动状态，振动物体从运动到静止都需要较长的时间，而在临界阻尼状态，振动物体从运动到静止所需要的时间却是最短的。

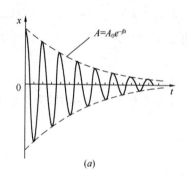

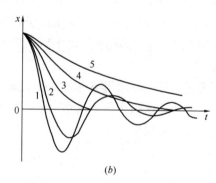

图 2-8

（a）阻尼振动；（b）不同阻尼下的阻尼振动和阻尼过大时的非周期运动

（三）工程实例

为了解强夯过程中在夯锤落地时，撞击地表与地下水位面时的不同反应，我们进行了夯锤振动反应测试。

1. 测试方法与工程项目

测试方法：在夯锤顶面，安装振动加速度传感器，测试夯锤在夯击过程中的加速度值；

测试项目：大连市临空产业园人工岛填海造地工程。

2. 工程概况及试验情况

（1）场地土层组成

工程为拟建新机场建设用地，由填海造地形成陆域地基，场区土层自上而下分为四大层，分述如下：

第一大层海相沉积层：主要由粉土、粉质黏土、泥砂、淤泥质粉质黏土、淤泥、淤泥质黏土等土层组成，层底标高在−13.17～−19.94m。

第二大层陆相沉积层：主要由黏土、粉质黏土、粉土、粉细砂等组成。粉土、粉质黏土标贯击数在 7.7～10，粉土、粉细砂标贯击数在 37.4～38.8。层底标高在−21.57～−36.72m。

第三大层陆相沉积层：主要由强度较高的黏土、粉质黏土、黏土组成，标贯击数在 15.0～18.9。第二、三大层陆相沉积层，层底标高在−21.57m～−36.72m。

第四大层基岩层：主要由强风化辉绿岩、中风化辉绿岩，强风化石灰岩、中风化石灰岩等组成，初见风化岩顶面标高在−38.24～−73.79m。

（2）处理前场地情况

第一大层软土层已被清淤换填，回填材料为开山碎石土，场地回填厚度20～23.5m，回填场地标高在 4.50m 左右，场地最高静止水位为＋0.97m，最低静止水位为−1.39m。

工程拟采用强夯法进行地基处理，先布置了 4 个试夯区，分别采用四种夯击能。1-1 区夯击能 18000kN·m；1-2 区夯击能 25000kN·m；2-1 区夯击能 10000kN·m；2-2 区夯击能 6000kN·m。

本次测试在 1-2 区进行，夯击能 25000kN·m。

（3）测试结果

在夯击过程中，采集了第 3 击、5 击、6 击、11～19 击测试数据，其中 12 击、14 击、17 击曲线异常，作过程分析时，未予采用，其余测试结果基本满足整个过程分析要求。对夯锤在不同击数时的加速度值进行了测试，现将第 3 击、5 击、6 击、11 击、13 击、15 击、16 击、18 击、19 击时的振动加速度各节点数据测试结果进行统计，见表 2-24 和表 2-25。强夯振动测试加速度-时间曲线见图 2-9～图 2-20。

各次夯击施工测试指标统计表　　　　　　　　　表 2-24

夯击次序	实测指标及计算指标				
	本击夯沉量（cm）	累计夯沉量（m）	落距 h（h_0＋夯坑深度）（m）	落地速度（m/s）	实施理论夯击能 $\frac{1}{2}mv^2$（mgh）
1	140	1.40	25.3	22.27	24534.79
2	54	1.94	26.70	22.87	25874.64
3	40	2.34	27.24	23.10	26387.69
4	21	2.55	27.64	23.28	26810.68
5	13	2.68	27.85	23.36	26995.26
6	13	2.81	27.98	23.42	27134.12
7	14	2.95	28.11	23.47	27250.10
8	12	3.07	28.25	23.53	27389.60
9	13	3.20	28.37	23.58	27506.13
10	10	3.30	28.50	23.63	27622.91
11	8	3.38	28.60	23.68	27739.93
12	7	3.45	28.68	23.71	27810.26
13	7	3.52	28.75	23.74	27880.67
14	6	3.58	28.82	23.77	27951.19
15	6	3.64	28.88	23.79	27998.24
16	6	3.70	28.94	23.82	28068.90
17	6	3.76	29.00	23.84	28116.06
18	4	3.80	29.06	23.87	28186.86
19	2	3.82	29.10	23.88	28210.49

注：1. 锤重：98.94t，初始落距 h_0＝25.3m；

2. 初始夯击能＝mgh_0＝98.94×9.8×25.3＝24531kN·m；当取 g＝10 时，初始夯击能＝25000kN·m；

3. 实施理论夯击能＝mgh（h_0＋夯坑深度）＝$\frac{1}{2}mv^2$；

4. 地下水初见水位－3.78m。

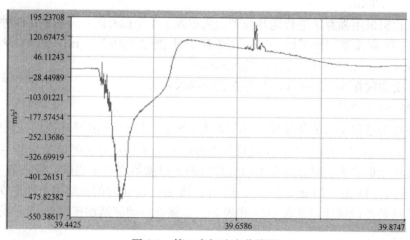

图 2-9　第 3 击加速度曲线图

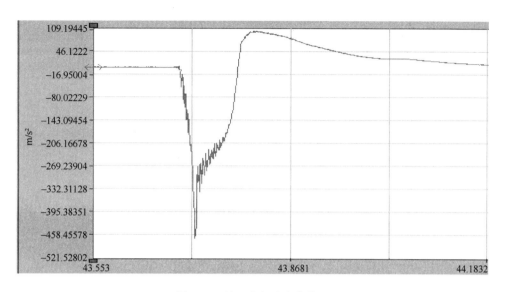

图 2-10　第 5 击加速度曲线图

在简谐振动中，有 $a = -x\omega^2$，即 $x = -\dfrac{a}{\omega^2}$，因 $\omega = 2\pi f$，$f = \dfrac{1}{T}$，在阻尼振动中，阻尼振动的周期为 $T = \dfrac{2\pi}{\omega} = \sqrt{\dfrac{2\pi}{\omega_0^2 - \beta^2}}$，阻尼振动的周期较无阻尼振动时的周期为长，当 T 增大时，f 变小，ω 也变小，如果我们把实测的夯锤振动 $T/4$ 周期内的振动视为近似简谐振动，那么就一定有 $a \leqslant -x\omega^2$，即 a 的最大值为 $-x\omega^2$，负号表示运动的方向，即位移 x 的最大值 $\leqslant \left[-\dfrac{a}{\omega^2} \right]$。

表 2-25 中的 h_1（即位移 x 值），由实施的理论夯击能 $mgh = ma_1h_1$ 导出：由于 m 是夯锤的质量，h 是夯锤的落距，g 是重力加速度，这三个参数都是定值；a_1 是实测的夯锤接触地面至停止下沉时的加速度值，所以 h_1 是夯锤撞击地面后理论下沉值（位移值），即夯坑沉降量的理论值。从计算原理上讲是正确的，h_1 与相应的实测夯坑沉降值 h_2 在开始的 1~2 击中两者应是接近的，但随着夯击数的增加，地基的密实度的增加，夯锤振动阻尼增大，使夯锤的位移量减小（即夯坑的沉降量减小），加速度增大。夯锤下沉位移停止后反弹，反弹加速度也是随击数的增加呈增大趋势，使实测的夯坑沉降量与理论计算的沉降量值相差越来越大，相差的那一部分即是弹性变形能，弹性变形一方面传递能量向深层传播，加固深层土体，这是有利的一面，另一方面，弹性变形可使表层出现反弹，使能量损耗，降低夯击效果，这时的表现即为每击的夯沉量逐渐变小，即有效夯击能越来越小。

强夯振动测试第一加速度峰值及计算统计表

表2-25

指标＼夯击数	3	5	6	11	13	15	16	18	19
第一加速度峰值 a_1 (m/s²)	−495.3475	−469.3752	−598.1354	−656.0927	−647.380	−631.743	−682.2803	−729.4728	−928.37
$T/4$ (s)	0.05175	0.055	0.0435	0.04	0.0417	0.0418	0.0388	0.036	0.0286
周期 T (s)	0.207	0.2212	0.174	0.1603	0.1628	0.1672	0.155	0.1453	0.1142
频率 f (Hz)	4.8299	4.52	5.7471	6.2396	6.1408	5.98	6.45	6.88	8.7551
圆频率 ω	30.3320	28.4158	36.0919	39.1850	38.56	37.55	40.5078	43.22	54.9820
ω^2	920.0362	807.4578	1302.625	1535.4381	1487.2042	1410	1640.8858	1868.0481	3023.0218
计算位移量 $h_1 = \dfrac{mgh}{ma_1}$ (m)	0.5384	0.5813	0.4592	0.4273	0.4353	0.4479	0.4158	0.3905	0.3071
实测夯沉量 h_2 (m)	0.40	0.13	0.13	0.08	0.07	0.06	0.06	0.04	0.02
实施理论夯击能 mgh (kN·m)	26387.69	26995.26	27134.12	27739.93	27880.67	27998.24	28068.90	28186.86	28210.49
有效夯击能 ma_1h_2 (kN·m)	19603.8727	6037.1977	7693.3371	5193.1049	4483.6244	3750.2791	4050.2888	2886.9616	1837.0586
强夯效率 (%)	74.3	22.4	28.4	18.7	16.1	13.4	14.4	10.24	6.5
第二加速度峰值 a_2 (m/s²)	+107.5665	+96.6571	+113.2932	+91.3535	+110.6058	+132.8423	+113.5112	+580.8875	+480.8347

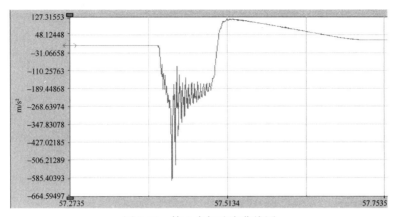

图 2-11　第 6 击加速度曲线图

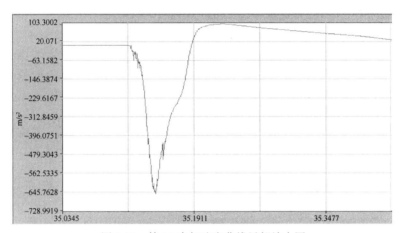

图 2-12　第 11 击加速度曲线局部放大图

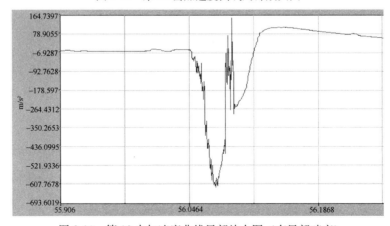

图 2-13　第 12 击加速度曲线局部放大图（有局部畸变）

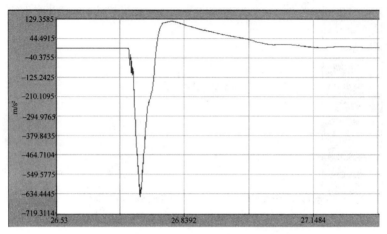

图 2-14 第 13 击加速度曲线局部放大图

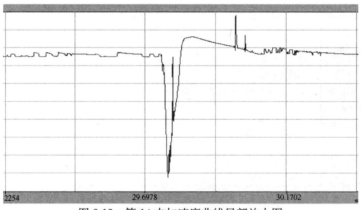

图 2-15 第 14 击加速度曲线局部放大图

（夯锤下落过程中曲线就有畸变，夯锤与吊钩接触面接触不良）

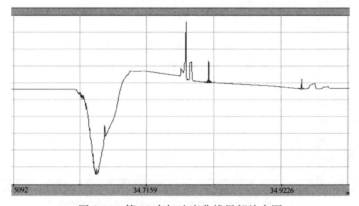

图 2-16 第 15 击加速度曲线局部放大图

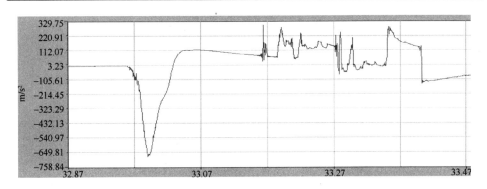

图 2-17　第 16 击加速度曲线局部放大图（地下水影响已初步显现）

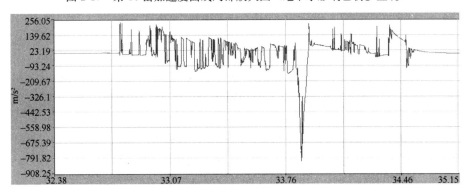

图 2-18　第 17 击加速度曲线局部放大图
（夯锤下落中与夯坑侧壁大石摩擦，曲线前端畸变，反弹后地下水作用显现）

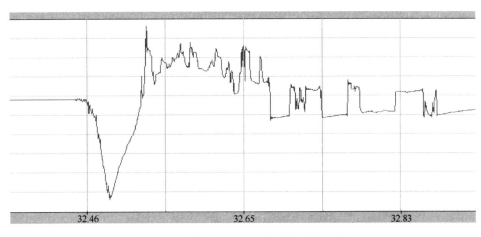

图 2-19　第 18 击加速度曲线局部放大图
（夯坑底地下水位以上覆盖层薄，地下水阻抗作用明显）

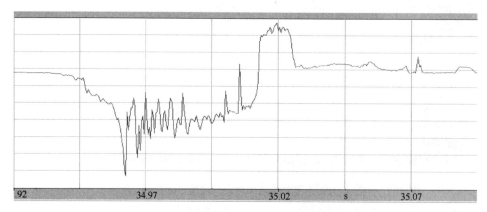

图 2-20　第 19 击加速度曲线局部放大图（地下水阻抗作用全部释放）

注：在第 19 击时，由于冲击之后大量碎石飞溅，已严重威胁到测试人员、仪器设备安全，故停止测试。

在强夯振动测试时，每一夯点的单点夯击数在 25 击左右，振动测试从第 3 击开始进行，测试到第 19 击地下水位出露至夯坑底面以上为止。

（4）曲线形态分析

由于场地为开山碎石土填海地基，碎石粒径大小不一，均匀性较差，强夯遇到较大的块石时会对振动曲线产生干扰，发生畸变。本次测试从第 3 击到第 17 击，夯坑底均为固体填料。其中，除第 12 击、14 击、17 击曲线有畸变外，振动加速度曲线形态基本一致，曲线呈阻尼振动曲线形态，相当于图 2-8（b）中曲线 2 的形态，曲线光滑连续，但从第 17 击开始，地下水位的影响明显显现，而在夯第 18 击时，地下水位面位于夯坑底下约 2cm，所以第一峰值 $T/4$ 之内，波形与第 3～16 击相似，但是 $T/4$ 后略有变化，振动加速度第一峰值 $T/4$ 周期与第 3～16 击基本一致，反弹加速度第二峰值出现时刻也与第 3～16 击基本一致，第一峰值和第二峰值之间曲线基本光滑，略有锯齿波动，第一峰值加速度 $T/4$ 周期较小，频率较大。在 $T/4$ 周期之后曲线出现振荡，到第 19 击时，由于夯锤与地下水位面撞击，曲线 $T/4$ 周期进一步变短，频率增大。在 $T/4～T/2$ 周期内，夯锤在地下水的阻力下，曲线出现叠加，形成锯齿状，在夯锤与夯坑底接触后，曲线出现振荡，反弹加速度（第二峰值），出现延迟，两个加速度峰值之间曲线剧烈振荡。

曲线的形态明显反映出地下水对强夯夯击振动的影响。

（5）振动测试频谱数据分析

从表 2-25 可以明显看出以下特征：

1）1～2 击为第一个阶段。（因故未测试强夯振动）仅以记录到实测强夯单击夯沉量为表征，第一击夯沉量 1.40m。第 2 击单击夯沉量为 0.54m，地基塑性变形大。

2）第 3～10 击为第二个阶段，以第 3～6 击数据为代表，强夯时地基土以塑性变形为主，$T/4$ 周期内曲线接近无阻尼振动，由加速度 a 和 ω^2 计算的位移量与实测的夯坑沉降量接近，比值为 1.3～3.5 倍。第一加速度峰值在 -469.3752 ～-598.1354 m/s^2，平均值为 -520.9527m/s^2。第二加速度（反弹加速度）峰值在 $+96.6571$～$+113.2932$ m/s^2，平均值为 105.8389 m/s^2。

3）第 11～16 击为第二阶段，地基土仍以塑性变形为主，但弹性变形明显增大，而实测的夯坑沉降量在 0.06～0.08m 之间，平均为 0.065m。由加速度 a 和 ω^2 计算的位移量与实测的夯坑沉降量相差更大，比值在 5～7 倍之间。第一加速度峰值明显增大，在 -631.743 ～-682.2803m/s^2，平均值达到 654.374m/s^2。第二加速度（反弹加速度）峰值在 $+91.3535$～132.8423m/s，平均值为 $+112.0782$m/s^2。

4）第 18～19 击为第三阶段，地下水位的阻抗作用出现。第一加速度峰值分别达到 -729.4728～-928.37m/s^2，计算的位移量和实测的夯沉量差别进一步增大，达到 9.7～15 倍，第 18 击的反弹加速度峰值跃升至 $+530.88$ m/s^2，第 19 击的反弹加速度为 $+430.3847$ m/s^2，比第 18 击有所降低。其原因为：①第 19 击夯锤下落时，由于地下水位已高出夯坑底面，夯锤与地下水面直接碰撞，地下水从夯锤排气孔中喷射而出，并带出大量碎石土，泄掉了部分反弹动能；②第 18 击时，由于夯锤下落时，夯坑底面还有约 2cm 厚度的土层覆盖，地下水的反弹作用被阻隔了一些。

5）夯锤与地下水面撞击、夯击能损失的分析

夯锤与地下水面的撞击，使强夯夯击能作用于加固地基的有效夯击能大大减小。

从表 2-25 可以看出，第 3 击到第 6 击的强夯效率从 74.3％下降到 28.4％，第 11 击到第 16 击从 18.7％下降到 14.4％。第 18 到第 19 击从 10.0％下降到 6.5％。

说明：图 2-21 所给出的强夯效率 $= \dfrac{\text{有效夯击能}}{\text{实施夯击能}} = \dfrac{ma_1h_2}{mgh}$。

①这里的 mgh 是强夯实际达到的夯击能，由于每击的落距随着夯坑深度的增加，落距也有些增加，随着夯击数的增加，夯击能也有所增大。

②这里的强夯效率是从地基塑性变形这个角度来分析的，地基土塑性变形（夯沉量）大，吸收的能量就大。随着夯击数的增加，地基土塑性变形逐渐减小，弹性变形逐渐增大，有效夯击能逐渐减小，反弹能量增大。

③由 $mgh = ma_1h_1$ 导出的 h_1 随着夯击数增加，h_1 与实测夯沉量 h_2 差值越来越大，由于这种差别造成的丢掉的夯击能都做了什么功？是有用功还是无用功？显然，这部分夯击能如果强夯撞击面是在地下水位以上时，大部分是有用功，是夯锤在下沉中克服土粒之间的摩擦力和阻力消耗了。而另一部分作为夯锤反弹动

能消耗了，这部分反弹动能是无用功。

④当夯锤与地下水碰撞时，由于水的刚度远大于地基土，且地下水不可压缩，反弹加速度 a_2 是夯锤在地下水位以上夯击时反弹加速的 3.6～6 倍。所以强夯时，夯锤与地下水位碰撞所损失的无用功夯击能是远远大于夯锤在地下水位以上与地面碰撞所损失的夯击能，限于技术手段，尚无法测出夯锤反弹时的位移量，因此无法计算其准确数值。这部分能量的一部分以水挟带碎石，通过夯锤排气孔冲击而出，剩下部分以剪切波形式向夯点周围扩散，造成地表土层松动，当土颗粒为细颗粒时，使地表土产生液化 。

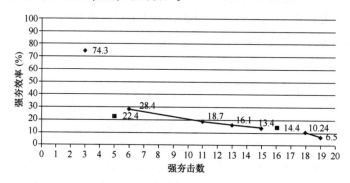

图 2-21　强夯效率曲线图

（四）结论

通过以上工程实例测试结果分析提出以下结论及建议：

1. 在高水位场地进行强夯时，当夯锤与地下水面碰撞时，有效夯击能会大幅度降低，造成强夯夯击能的极大损失，强夯已无意义。

2. 在高水位场地进行强夯时，当夯锤与地下水面碰撞时，夯锤夯击瞬间，水挟裹大量碎石，从夯锤孔中飞溅喷涌而出，高度达到 20m 左右，飞溅距离约 30m，会造成重大的安全隐患。因此高水位场地强夯，必须采取有效措施，避免夯锤与地下水面直接撞击。

二、高水位地基强夯关键施工技术

从高水位地基强夯振动的机理分析，使我们认识到：高水位地基强夯的关键技术是地下水位控制。保证在夯击过程中夯锤不与地下水位面撞击，即地下水位应低于夯坑最大深度。

（一）与地下水位控制有关的因素

1. 地下水位控制与强夯能级的关系

地下水位与强夯能级的关系：强夯能级越大，夯坑深度越深，地下水位也应越深。

2. 地下水位与地基土性质的关系

（1）对于透水性差的黏性土地基，降水有利于强夯效果的提高，则地下水深度应接近于强夯处理深度；

（2）对于杂填土、碎石土、中粗砂地基，地下水位控制深度要大于最大夯坑深度+0.5m；

（3）对于粉细砂一类的地基，由于干砂在没有上覆压力的情况下很难压实，同时粉细砂在有毛细水存在的情况下又易于压实，因此对粉细砂一类的地基，水位控制深度应为：地下水位深>夯坑深度+毛细水上升高度。

（二）地下水控制方法

1. 铺设垫层法

铺设垫层法是降低地下水位最简便的方法。工艺简单，方便易行。

铺设垫层的适用条件：

（1）水位调整幅度一般不大于1.5m，不会因增加垫层的厚度而影响至地基处理深度或影响到场地标高的控制；

（2）施工现场有可供开挖的适宜的垫层材料，不因材料的购买、运输而大幅增加地基处理费用。

2. 降水

采用人工降低地下水位。降水的方法有轻型井点降水、真空井点降水、喷射井点降水、电渗井点降水。在砂层中还可采用管井井点降水。

3. 多步强夯法

适用于地下水位1～3m左右，地表土层松软地基。

（1）先低能级强夯，采用边夯边填料强夯法，逐步抬高地表标高，改善地表承载力；

（2）待地表抬升至一定高度，再采用高能级强夯。

（三）工程实例——中委合资广东石化 2000 万吨/年重油加工工程高水位地基强夯

中委合资广东石化2000万吨/年重油加工工程位于广东省揭阳市惠来县，设计规模为原油加工能力2000万吨/年。整个场区约560万 m^2，主要采用3000kN·m、5000kN·m强夯能级处理，本例为3000kN·m强夯处理区。

1. 土层分布

强夯处理深度范围内从上到下分为六个工程地质土层：

①层细砂（Q_4^{ml}）：褐黄色—灰黄色，松散稍密，稍湿—湿，主要矿物成分为石英、长石，砂质纯，颗粒级配不良，该层场地均有分布，厚度为 0.1～2.5m，平均0.82m；

②₁层细砂（Q_4^{eol+m}）：褐黄色，松散，湿—饱和，主要矿物成分为石英、长

石，砂质纯，颗粒级配不良，该层本场地均有分布，厚度为 1.6～8.4m，平均 4.3m；

②₂ 层细砂（Q_4^{al}）：褐黄色、白色，松散、饱和，主要矿物成分为石英、长石，砂质纯，颗粒级配不良，该层本场地局部分布，厚度 0.3～2.4m，平均 1.4m；

②层夹层泥炭质土（Q_4^m）：黑—黑灰色，流塑—软塑，含粉细砂及大量未完全分解的植物残渣，无光泽反应，韧性及干强度低。局部为粉质黏土或淤泥质粉质黏土夹砂，该层在本场地局部分布，层厚 0.5～2.9m；

②₃ 层细砂（Q_4^{al}）：褐黄色，稍密、饱和，主要矿物成分为石英、长石、砂质纯，颗粒级配不良，该层在本场地普遍分布，层厚为 0.4～4.4m，平均 2.65m；

②₄ 层细砂（Q_4^{al}）：褐黄色—灰白色，稍密—中密，饱和，主要矿物成分为石英、长石，砂质纯，颗粒级配不良，该层在本场地均有分布，最大揭露厚度 5～6m。

2. 地下水

地下水位埋深 0.4～1.8m，平均 0.8m 左右。

3. 设计要求

3000kN·m 处理区：加固后的地基承载力特征值 $f_{ak} \geqslant 200$kPa，压缩模量 $E_a \geqslant 20$MPa。

4. 地基处理方案

点夯 3000kN·m，夯点间距 6m，正方形布置，分二遍进行，夯点的夯击次数≥10 击；收锤标准：最后两击夯沉量平均值≤50mm。

满夯 1000kN·m，分 2 遍完成，夯印相搭 1/4 锤径，每点 2 击。

5. 未采用降水方案区域强夯情况

（1）地下水位小于 1m 深的区域，产生以下现象：

1）在夯击过程中，夯坑及周围积水，夯坑周围一定范围内的地面开始下沉，造成起锤困难、设备下陷等情况。

2）因砂土液化而发生涌砂灌满夯坑，致使施工无法继续进行，达不到设计要求夯击控制标准。

3）由于地下水位浅，场地液化松软，致使强夯设备无法在场地行走和施工。

（2）在地下水位 1.0～1.8m 之间的区域

此区域夯坑深度在 1.5m 左右，3000 kN·m 能级强夯可以勉强施工，但强夯后效果达不到设计要求，夯后土层的检测结果如下：

① 层细砂，为松散状态，在 2.0m 深度的范围内。标贯修正锤击数平均值 6.3 击，锥尖阻力平均值 2.13MPa，承载力特征值在 80kPa 左右。

②层细砂层，本层总厚度约8m，层底埋深9m，在检测深度9m范围之内，分为4个亚层：

②$_1$层细砂，平均厚度3.2m左右，夯后为中密—密实细砂。标贯修正击数平均值24.7击，锥尖阻力平均值17.14MPa，承载力特征值220kPa。

在②$_1$层细砂之下，存在两个软弱夹层。即②$_2$层细砂层和②层泥炭质土层。

②$_2$层细砂，主要位于4.1~5.4m深度范围内，松散状，标贯修正击数平均值7.0击，静探锥尖阻力平均值3.93MPa，承载力特征值为100kPa。

②夹泥炭质土，主要位于4.2~5.5m，流塑状态，标贯修正击数平均值5.9击，静探锥尖阻力平均值1.55MPa，承载力特征值为60kPa。

②$_3$层细砂，标贯修正锤击数平均值12.3击，静探锥尖阻力平均值7.53MPa，承载力特征值为160kPa。

场地6m以下为②$_4$细砂层，中密—密实，标贯修正锤击数平均值23.4击，静探锥尖阻力平均值14.96MPa，承载力特征值210kPa。②层细砂层内软弱夹层静力触探试验检测结果见表2-26。

②层细砂层内静力触探试验软弱夹层检测情况统计表　　　　表2-26

序号	检测点号	软弱夹层埋深（m）	软弱夹层层厚（m）	锥尖阻力平均值（MPa）	建议承载力特征值（kPa）
1	J7	3.3~3.6	0.3	2.41	108
2	J8	3.3~3.6	0.3	2.17	103
3	J11	4.1~4.3	0.2	3.44	128
4	J27	4.6~5.1	0.5	2.12	102
5	J34	4.2~5.2	1.0	1.71	94
6	J63	3.2~3.4	0.2	3.64	132
7	J64	4.7~5.5	0.8	1.32	86
8	J65	3.5~3.9	0.4	3.15	123

（3）加固效果分析

水位深度小于1.0m区域，强夯基本无法施工。

水位深度在1.0~1.8m范围之内，细砂松散层主要位于地下水位高的区域，由于夯坑深度在1.5m左右，故夯锤与地下水位面撞击，造成水位面上下土层被剪切波松动，虽然经低能级满夯后有一定的补强，但承载力仍然偏低，该层为①层细砂承载力特征值80kPa。

在2.0m以下至4.5m范围内，由于面波干扰作用的消失，②$_1$层细砂层得到了较好的加固，承载力达到了设计要求。

在3.3~5.5m深度内，软弱夹层不均匀分布，由于高地下水位的影响和夯击能的衰减，这一部分软弱夹层强夯效果有限。测试结果见表2-26。

由于埋深较大，强夯影响深度下降。

②₃层细砂夯后承载特征值有一定提高，但仍然达不到 200kPa 的设计要求。

②₄层细砂原土层的承载力特征值和处理前相近，强夯的作用表现不明显。

（4）强夯加固方案的调整

根据强夯初期施工的情况，决定对高水位区域采用降水＋强夯方案。

1）水位降深设计

根据前期强夯施工情况，3000kN·m 能级强夯的最大夯坑深度为 1.8m，粉细砂毛细水上升高度取 1.0m，地下水位应降至强夯起夯面下 3.0m。

2）降水方案

降水方案采用了管井井点降水。

井点间距 18m，正方形布置，井深 6m，井点布置在夯点间，以减轻降水对强夯施工的影响与干涉。

井孔回转钻成孔，孔径 400mm，井深 6m。井管直径 315mm，井管高出地面 300mm，钻孔深 5.7m，水位降深 3m，降水时间 5～7 天。

降水面积按 10000m² 一个单元，当场地降水深度达到 3m 后，仍按强夯原设计方案参数施工。由于场地有降水井管的存在，一、二遍点夯合并为一遍同时施工，点夯结束后，撤去井管分别进行两遍满夯施工。

（5）调整方案后的加固效果

采用地基静载荷试验、静力触探、标准贯入试验，检测效果如下：

1）六联合车间强夯中间检测结果见表 2-27。

六联合车间强夯中间检测结果　　　　　　　　　　表 2-27

力学分层	深度（m）	承载力特征值（kPa）	压缩模量 E_s（MPa）
①	0～2.0	200	20.0
②₁	2.0～6.0	250	23.0
②₃	6.0～9.0	210	19.0
②₂	6.0～9.0	110	7.0

2）装置区强夯检测结果见表 2-28。

装置区强夯检测结果　　　　　　　　　　表 2-28

力学分层	深度（m）	承载力特征值（kPa）	压缩模量 E_s（MPa）
①	0.8～2.0	200	17.0
②₁	0.7～7.0	240	22.0
②₃	7.0～8.0	220	20.0
②₄	8.0～9.0	180	14.0
②	2.0～6.0	100	6.0
②	6.0～9.0	120	7.0

3）降水后的强夯效果比较

①层的承载力明显提高，由松散提高到中密；

②层 4.1～5.5m 之间的②₂层细砂层消失；

②夹层泥炭质土软弱承载力由 60kPa 提高到了 100kPa；

②₃层、②₄层承载力达到设计要求。

第七节　强夯振动传播规律及隔振原理的研究

强夯施工时产生的振动一直是影响强夯施工技术推广应用的一个重要因素，多年来，强夯振动传播规律及隔振技术的研究没有取得重大的突破性的进展。

山西机械化建设集团有限公司在 30 多年来的强夯施工实践中一直受强夯施工振动的困扰，也不断地进行强夯振动测试和隔振机理的探讨，积累了大量的一手实测资料，近年来在强夯振动传播规律及隔振原理的探索方面取得了重要成果。

强夯是一种冲击型振源，当夯锤落地时，必然会产生强大的冲击波，从夯点沿着地表向四周传开。由于振动几何阻尼和地基土材料阻尼作用，冲击波一般在很短的时间内，约 0.4～0.1s 即消失，其主频约为 20Hz，接近于一般的构筑物和机器设备的固有频率，故而强夯振动具有一定的潜在危险性。同时由于是连续夯击，相邻两击的间隔时间较短因此所造成的地面振动强度比较大，对周围环境产生有害影响，特别是大中城市等建筑物和地下设备密集地区进行强夯施工时，强烈的地面振动不但会影响邻近精密仪器、仪表设备和对振动有特殊要求的产品精加工工艺流程，干扰周围居民和有关人员的正常工作和生活，严重时还会危及周围建筑物以及地下设施管线的稳定和安全。强夯振动引起的环境危害已引起工程界和有关部门的关注和重视，因此在确定采用强夯法处理地基时，应充分对强夯振动潜在危害进行评价，掌握强夯振动的影响范围，当施工安全距离不满足防振要求时，需采取隔振措施。

一、强夯振动的危害

强夯振动对邻近建筑物所产生的危害有三种：

（1）直接引起建筑物破损。这是指建筑结构在受振前完好，无异常应力变化，其破损单纯是由强夯振动的影响引起的，即强夯振动诱发结构振动使建筑物直接产生损坏，强夯振动诱发的结构振动主要取决于土结构系统的相互作用，它决定于受地面振动的强度以及这种结构对地面振动的反应。

（2）加速建（构）筑物破损。对大多数建在软弱地基上，在使用期内或多或少地因某种原因，如差异沉降温度变化受过损伤，而强夯振动的附加应力加速了这种损伤的发展。

（3）间接引起建（构）筑物破损。对完好且无异常应力变化的建筑结构，其损伤是由强夯振动导致较大的地基位移或失稳，如饱和土软化或液化边坡坍塌所造成的。工程实践表明：强夯振动能够扰动附近土层，激发土体内的孔隙水压力破坏土体的天然结构，改变土体的应力状态和动力特性，造成土体强度降低，使周围一定范围内的建筑物基础和地下设施发生沉降和不均匀沉降，从而引起这些建筑物开裂倾斜甚至破坏以及道路路面损坏和地下管线爆裂等严重后果。

二、强夯振动和隔振研究现状

到目前为止，强夯地面振动的衰减问题依然没有简便易行且有足够精度满足工程需要的实用计算方法，同时我国迄今尚无发布与强夯振动防护有关的技术标准。在实际的设计与施工过程当中，人们只能通过简单的理论分析和现场实测相结合的方法来解决振动的防护问题。

关于隔振沟的隔振研究也没有具体的原理可循，在以往的检测资料中，并未见到隔振沟对隔振的明显效果，反而出现了隔振沟侧加速度放大的现象，对这些现象有关技术人员未给出合理的解释。

三、强夯振动传播规律的机理研究

（一）强夯振动产生的波形分类及强度

研究强夯振动，离不开波动理论。关于强夯加固地基的波动理论已在本书第二章中进行了阐述，这里不再赘述。强夯施工振动，对周围建筑物产生影响的主要是横波，即剪切波中的竖向剪切振动的 SV 波和水平切向剪切振动的 SH 波和地基表面由 SV 波和径向振动的 P 波合成的瑞利波，这些不同振型的振动强度，我们通过工程实例来加以明确。

1. 例1：吉林长山热电厂

吉林长山热电厂建设场地为 II 级湿陷性黄土，地下水位 12m，强夯能级 2000kN·m，测试点距离夯击点 82m。强夯振动检测结果见表 2-29。

吉林长山热电厂强夯振动测试振型振动速度对比表
（主控室一、二层振动影响对比表）   表 2-29

夯击能 (kN·m)	测点距夯坑心距离 (m)	二层轴						一层轴					
		垂直振动		径向振动		环向振动		垂直振动		径向振动		环向振动	
		频率 (Hz)	速度 (cm/s)	频率 (Hz)	速度 (cm/s)	频率 (Hz)	速度 (cm/s)	频率 (Hz)	速度 (cm/s)	频率 (Hz)	速度 (cm/s)	频率 (Hz)	速度 (cm/s)
2000	82	10	0.46	12.5	0.11	10	0.11	9.1	0.41	—	—	10	0.09

2. 例 2：山西潞城编织袋厂

山西潞城编织袋厂建筑场地为湿陷性黄土，地基土 5m 以内为 Q_3 湿陷性黄土，5m 以下为 Q_2 湿陷性黄土，强夯能级为 1600kN·m，强夯测试点设置在单层平房，距离夯击点 34m。

山西潞城编织袋库房强夯振动速度测试结果见表 2-30。

<table>
<tr><td colspan="10" style="text-align:center">山西长治潞城编织袋厂库房振动波型振动速度对比表</td><td>表 2-30</td></tr>
<tr><td rowspan="3">夯击能
（kN·m）</td><td rowspan="3">房屋
结构</td><td rowspan="3">距夯击
点距离
（m）</td><td colspan="2">位置</td><td colspan="3">室内地面</td><td colspan="3">屋顶面</td></tr>
<tr><td>振动</td><td>方向</td><td rowspan="2">SV 波</td><td rowspan="2">P 波</td><td rowspan="2">SH 波</td><td rowspan="2">SV 波</td><td rowspan="2">P 波</td><td rowspan="2">SH 波</td></tr>
<tr><td colspan="2">项目</td></tr>
<tr><td rowspan="2">1600</td><td rowspan="2">单层
平房</td><td rowspan="2">34</td><td colspan="2">速度（cm/s）</td><td>1.05</td><td>0.29</td><td>0.23</td><td>1.27</td><td>0.35</td><td>0.18</td></tr>
<tr><td colspan="2">频率（Hz）</td><td>8.1</td><td>10</td><td>8.1</td><td>10.9</td><td>7.5</td><td>12.5</td></tr>
</table>

以上两个工程的测试结果表明，强夯时的地表振动速度为 SV 波＞P 波＞SH 波，说明强夯振动影响对地表以松动为主，压缩为次，其中 P 波是径向振动，对夯点侧向有挤密效应，说明径向振动夯间可以加固的机理，而 SH 由于是水平切向振动，强度只有竖向振动的 1/5，可以忽略其影响，说明竖向振动的剪切波是地面振动的主要波型。

（二）地面振动及频谱特性

图 2-22 是三门峡火电不同强夯能级的测振结果。

图 2-22 给出了三种不同强夯能级下不同距离处地面振动加速度时程曲线，波形基本属脉冲型，振动持续时间为 0.2～0.4s，垂直振动略短于水平振动。由

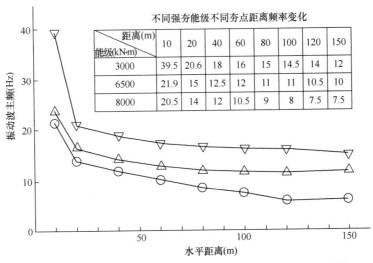

图 2-22 不同强夯能级下不同距离处地面振动加速度时程曲线

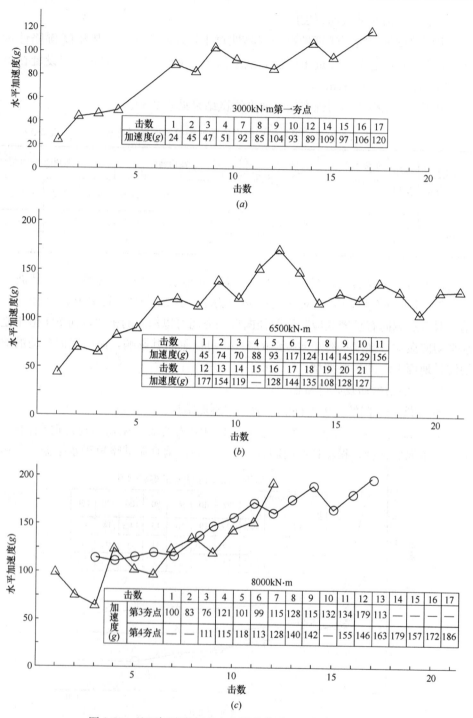

图 2-23 地面加速度与夯击击数的关系（距夯点 60m 处）

The following tables appear within the figure:

(a) 3000kN·m第一夯点

击数	1	2	3	4	7	8	9	10	12	14	15	16	17
加速度(g)	24	45	47	51	92	85	104	93	89	109	97	106	120

(b) 6500kN·m

击数	1	2	3	4	5	6	7	8	9	10	11
加速度(g)	45	74	70	88	93	117	124	114	145	129	156
击数	12	13	14	15	16	17	18	19	20	21	
加速度(g)	177	154	119	—	128	144	135	108	128	127	

(c) 8000kN·m

击数		1	2	3	4	5	6	7	8	9	10	11	12	13	14	15	16	17
加速度(g)	第3夯点	100	83	76	121	101	99	115	128	115	132	134	179	113	—	—	—	—
	第4夯点	—	—	111	115	118	113	128	140	142	—	155	146	163	179	157	172	186

图可知,强夯引起的振动,其频谱呈白噪声型,振动频率分布在 0~100Hz 的带宽内,主频变化在 7~40Hz,随强夯能级与距离而异。能级越高,主频越低,距离夯点越近,主频越高,距夯点 20m 以外的变化趋于平缓。

(三) 地面加速度随击数的变化

图 2-23 是不同能级地面加速度与夯击数关系曲线。

测振结果表明:强夯振动强度不但随能级、传播介质而异,而且随夯击数而变化。前若干击,地面水平加速度随击数的增加而渐增,以后呈起伏变化。

(四) 地表下不同深度振动速度测试结果

图 2-24 为距离 3.5m 处地表下不同深度处的垂直振动速度曲线（所取数据为 10 击之内采集）。图 2-24 真实地反映了在深度 0~4.8m 内振动速度随地基深度增大而衰减的情况。而在 4.8~5m 之间,振动速度出现突变升高,经核查场地夯后静力触探资料表明:在场地勘探与夯后地基检测的资料中,场地 4.8~6m 深度以下为 Q_2 老黄土,正是由于土层结构的改变（由较软弱的湿陷性黄土变为强度较高的 Q_2 老黄土）,导致了土层界面振动速度的突变升高。图 2-25 为场地的静力触探曲线图。图中的 f_s 为侧摩阻力曲线,q_c 为锤尖阻力曲线。静探曲线很形象地反映了这一变化趋势,与振动速度曲线形态吻合。静探侧摩阻力曲线与锥尖阻力曲线在 4.8m 处也为一突变点。

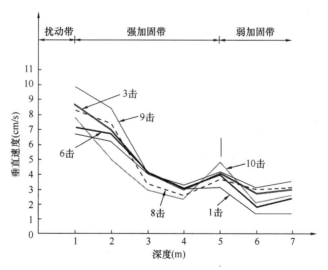

图 2-24　山西潞城编织袋厂距夯击点 3.5m 处垂直速度与
深度关系曲线（1600kN·m）

图 2-26 是距夯点 4.0m、4.5m、6m、10m 处,振动垂直速度与深度关系的曲线。

这里的垂直振动在夯点下应为压缩波,在夯点外可视为剪切波。

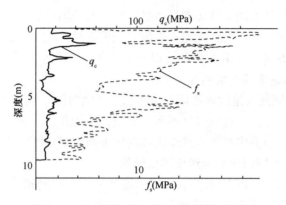

图 2-25 山西潞城编织袋厂静力触探曲线图

从图可以看出，强夯过程中，纵波振动强度的最大位置始终在撞击面上，随着夯击数增加，撞击面由起夯面逐渐下移，达到数米深度。在撞击面下（夯坑底），随着深度的增加，纵波的强度逐渐衰减至零，同时可以看到，强夯时，地基中的横波由纵波的压缩和剪切变形产生，所以横波的振动强度是随着纵波振动强度的变化而变化。

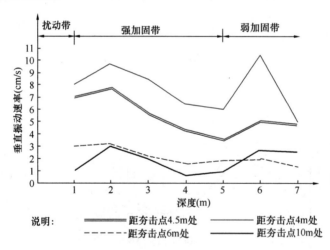

图 2-26 山西潞城编织袋厂振动垂直速度与深度关系曲线 （1600kN·m）

在图 2-26 中出现了振动速度 1m 处低于 2m 处的反常现象。其原因是数据采集在 10～20 击，此时的夯坑深度已大于 1m，夯锤及地基撞击的位置已在 1m 以下。另一个反常现象是振动速度突变升高的位置由 5m 改为 6m。经查地勘资料表明，这一变化是由 Q_2 老黄土层顶标高在该地段下降所致。

经过以上分析，我们可以得出如下结论：强夯振动速度在垂直方向上随深度的增加而衰减。

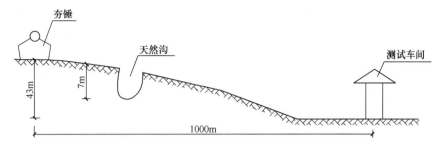

图 2-27　强夯场地与测试间相对位置示意图

（五）受同一振源振动影响的构筑物、顶部与底部的振动影响效应

1. 山西潞城编织袋库房室内地坪与屋顶面振动和长白山热电厂主控室一、二层振动影响效应。

测试结果仍见表 2-29 和表 2-30，结果证明，无论是垂直振动、还是径向振动、切向振动，屋顶的振动速度均大于室内地坪。可见在同一水平位置处具有空间结构的房屋顶部，对地面振动有放大效应。

2. 太原卫星发射中心体育馆地基强夯振动影响效应

太原卫星发射中心体育馆地基强夯采用 7000kN·m 能级强夯，施工点周围有长征宾馆和小学校等建筑，为了解强夯施工对这些建筑物及隔振、教学的影响，进行了强夯振动影响效应测试。表 2-31 为强夯振动检测结果。

太原卫星发射中心强夯振动影响检测分析　　　　　　　　　　表 2-31

距振源距离 （m）	夯击数	检测位置	径向振动速度 （cm/s）	垂直向振动速度 （cm/s）
130	19	坡底（坡高 5m）	0.48	0.37
135	20	坡顶构筑物	0.61	0.48

以上测试结果，同样证明：同一位置处具有空间结构的房屋顶部及底部及地面振动有放大效应。

（六）振源位于高处、受振动影响构筑物位于低处的振动效应

太原卫星发射中心厂房地基振动影响效应

太原卫星发射基地新建一厂房地基采用 8000kN·m 高能级强夯。强夯施工场地距火箭测试间直线距离 1000m，施工时，正值火箭发射前测试，由于测试仪器对振动影响的高度敏感，50m 距离之内汽车通行均被禁止，当时最令人担心的强夯振动却未对测试过程产生任何影响。经过认真分析了解现场情况，发现强夯施工面的标高高于测试间地面标高 43m。而两者之间，尚有一道 7m 深的土沟，也成为一道隔振的天然屏障（图 2-27），正是这种标高高差和土沟阻断了振动的传播。前已述及强夯施工时产生的横波振动，由纵向振动产生的压缩、剪切而发生，强度亦随纵向振动的速度而变化，当强夯的纵波随深度的增大而急剧减弱，由此产生的横波也就微不足道了。8000kN·m 能级的有效加固深度为 12m，而施工场地高于测试间 43m，这个高度足以使纵波衰减得微乎其微了，而天然沟的存在，更使得面波被彻底隔离在了沟的左侧。

（七）水平向传播中不同介质的振动速度变化

山西中医学院护理楼强夯振动测试结果

强夯能级 3000kN·m，1 号夯击点位于隔振沟内侧 31m，2 号夯击点位于隔振沟内侧 61m 处。这两个夯击点的 1 号振动测试点位于沟内侧 1m 处，不属于此处的研究对象。此处我们主要考察隔振沟外侧，等距离处地基土和混凝土构件振动速度的衰减。3 号测试点为地基土的测试点，4 号测试点为混凝土构件测试点。

表 2-32 为等距离水平向不同介质强振动速度检测结果。

等距离水平向不同介质强夯振动速度测试结果　　　　表 2-32

夯击点	距隔振沟距离（m）	测点编号	位置及距离（m）	振动速度	
				v（cm/s）	衰减幅度（%）
1	31	2 号	沟外侧 1（32）	1.90	
		3 号	23（55）	0.76	60
		4 号	23（55）	0.307	83.8
2	61	2 号	1（62）	0.832	
		3 号	23（85）	0.357	57
		4 号	23（85）	0.22	73.6

注：括号内数据为检测点距振源点距离。括号外数据为检测点距隔振沟距离。

测试结果表明：同一位置处，混凝土构件比地基土的振动效应衰减显著。

（八）有覆盖层和无覆盖层的区别

吉林长山热电厂振动影响测试结果

表 2-33 为长山热电厂有覆盖层与无覆盖振动影响比较。

有覆盖层与无覆盖层的振动影响比较　　　　表 2-33

夯坑号	夯击能（kN·m）	测点距夯坑心距离（m）	无覆盖层				有 4.5m 厚土的覆盖层			
			垂直振动		径向振动		垂直振动		径向振动	
			频率（Hz）	速度（cm/s）	频率（Hz）	速度（cm/s）	频率（Hz）	速度（cm/s）	频率（Hz）	速度（cm/s）
31	2000	15	14.3	4.500	12.5	2.410	10	2.630	16.7	1.530
覆盖层对垂直振动影响的衰减系数：$R_1 = 4.5/2.63 = 1.71$										
覆盖层对径向振动影响的衰减系数：$R_1 = 2.41/1.53 = 1.57$										

长山热电厂振动测试结果说明：当振源点与测试点之间有较厚堆积物时，等于增加了振动阻尼，会使强夯振动强度加快衰减。

四、强夯隔振沟隔振机理研究

从前面的论述中我们可知，强夯振动影响主要由横波产生，而横波的振动强度是随纵波的强度变化而变化的，当纵波的振动强度随着深度的增加逐渐趋于零时，横波的强度也就跟着衰减。由此得出结论：隔振沟的隔振效果和隔振沟深度呈正相关性。

（一）山西潞城编织袋厂隔振沟测试结果

图 2-28、图 2-29 为山西潞城编织袋厂有隔振沟水平加速度，垂直加速度与距离的衰减曲线。

强夯能级 1600kN·m，锤重 135kN，落距 12m，隔振沟距夯击点距离 18m。隔振沟内侧距振源 17.5m，隔振沟外侧距振源 19m，隔振沟深 1.7m，夯击点地面与隔振沟顶处于同一标高水平上。

从测试结果可以看到，由于隔振沟深度较浅，而且夯坑底部与隔振沟底基本位于同一水平面上，无论水平振动和垂直振动速度沟两侧均未见明显衰减。有隔振沟和无隔振沟的衰减曲线特性完全一致。

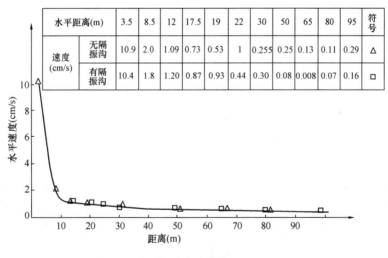

水平速度与距离的关系

水平距离(m)		3.5	8.5	12	17.5	19	22	30	50	65	80	95	符号
速度 (cm/s)	无隔振沟	10.9	2.0	1.09	0.73	0.53	1	0.255	0.25	0.13	0.11	0.29	△
	有隔振沟	10.4	1.8	1.20	0.87	0.93	0.44	0.30	0.08	0.008	0.07	0.16	□

图 2-28　水平振动衰减曲线（1600kN·m）

（二）三门峡电厂隔振沟测试结果

三门峡火电厂，强夯能级 8000kN·m，锤重 400kN，落距 20m，夯击点地面标高比隔振沟顶低 4m，隔振沟位于高于振源点 4m 的平台上，沟深 4m，即夯击点与隔振沟底齐平。隔振沟距振源点 30m。图 2-30 为三门峡电厂隔振沟位置

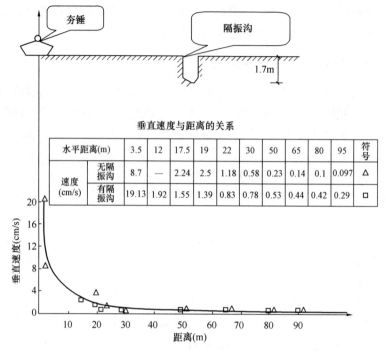

垂直速度与距离的关系

水平距离(m)	3.5	12	17.5	19	22	30	50	65	80	95	符号
速度(cm/s) 无隔振沟	8.7	—	2.24	2.5	1.18	0.58	0.23	0.14	0.1	0.097	△
速度(cm/s) 有隔振沟	19.13	1.92	1.55	1.39	0.83	0.78	0.53	0.44	0.42	0.29	□

图 2-29　垂直振动衰减曲线（1600kN·m）

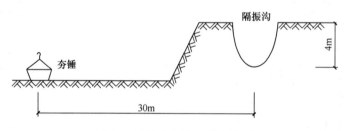

图 2-30　三门峡电厂隔振沟示意图

示意图。

从测试结果看，由于夯击时夯锤与地表撞击面标高低于隔振沟底标高，隔振沟完全没有隔振效果，而且由于隔振沟底处高于夯击面，振动波传播到沟边两侧的沟壁，反而在沟边两侧产生了放大作用。图 2-31、图 2-32 为三门峡火电厂有隔振沟水平加速度与垂直加速度衰减曲线。

从测试结果可以看出，隔振沟不仅未起到隔振作用，反而由于隔振沟所处高台的放大效应，隔振沟两侧沟顶的振动速度出现了一个突然增高的峰值。

（三）太原卫星发射中心体育馆

强夯能级 7000kN·m，在距夯击点 100m 和 110m 之间，挖隔振沟，宽 0.8m，深 3m，振源点地面与隔振沟顶基本在一水平面上。

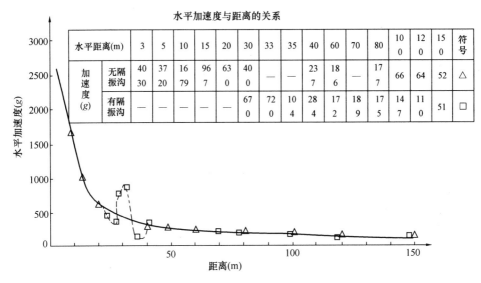

水平加速度与距离的关系

水平距离(m)		3	5	10	15	20	30	33	35	40	60	70	80	100	120	150	符号
加速度(g)	无隔振沟	4030	3720	1679	967	630	400	—	—	237	186		177	66	64	52	△
	有隔振沟	—	—	—	—	—	670	720	104	284	172	189	175	147	110	51	□

图 2-31　三门峡火电厂振动水平加速度衰减曲线（8000kN·m）

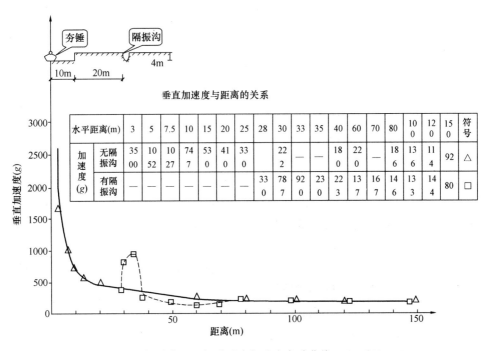

垂直加速度与距离的关系

水平距离(m)		3	5	7.5	10	15	20	25	28	30	33	35	40	60	70	80	100	120	150	符号
加速度(g)	无隔振沟	3500	1052	1027	747	530	410	330		222	—	—	180	220	—	186	136	114	92	△
	有隔振沟	—	—	—	—	—	—	—	330	780	920	237	223	137	167	146	133	144	80	□

图 2-32　三门峡火电厂振动垂直加速度衰减曲线（8000kN·m）

表 2-34 为太原卫星发射中心体育馆有隔振沟振动测试结果。

振动测试结果 表 2-34

测试点	距离 (m)	夯击数（击）	径向振动速度值 (cm/s)		垂向振动速度值 (cm/s)	
沟左侧	100	11	0.96	衰减（%）	0.62	衰减（%）
沟右侧	110	11	0.54	43.8	0.46	25.8

由于隔振沟深 3m，有一定的隔振作用，但衰减幅度不够大。

（四）山西吕梁横泉水库坝基强夯

强夯能级 8000kN·m，夯击点标高 1118.84m，在距夯击点 430～435m 之间挖一减振沟，宽 6m，深 5m，底宽 1.6m。沟顶标高 1112.50m。

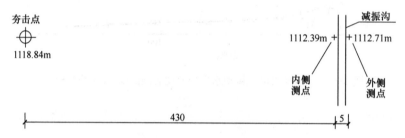

图 2-33　吕梁横泉水库减振沟示意图

振动测试结果 表 2-35

测试点	距振源距离 (m)	夯击数（击）	径向振动速度值 (cm/s)	衰减幅度
1 号点	25	11	1.94	—
沟内侧	430	15	0.15	92%
沟外侧	455	15	0.09	40%

表 2-35 为吕梁横泉水库强夯振动测试结果。

从测试结果可以看出，从距离 25m 到 430m，从标高 1117.84m 下降到 1112.39m，径向振动速度衰减 92%，但隔振沟两侧衰减 40%。吕梁横泉水库实际测试的强夯的影响深度是 17m，从振源到隔振沟，地表标高下降了 6m，则影响深度还在 11m 左右。隔振沟深度为 5m，5÷11＝0.45，振幅衰减 45%。说明隔振沟深度与强夯影响深度的比值与振动速度的衰减比值是一致的。

（五）山西中医学院

山西中医学院护理楼强夯能级 3000kN·m，隔振沟距振源点 31m，沟深 5m，宽度 0.8m。夯击点高程较隔振沟沟顶高 1m。

表 2-36 是强夯振动测试结果。

强夯振动测试结果　表 2-36

夯击点编号	与隔振沟距离（m）	测试点位置	振动速度（cm/s）	振动速度衰减幅度%
1	31	沟内侧 1m	7.97	
		沟外侧 1m	1.90	76.2
2	61	沟内侧 1m	2.61	
		沟外侧 1m	0.855	67.2

本例是采用隔振沟隔振设防，隔振效果确切，效果达到控制要求的一个典型案例。

如果 3000kN·m 影响深度为 8m，沟深为（5+1）m，6÷8＝0.75＝75%，则与振动速度衰减的比值也是一致的。

（六）结论

本节通过对距振源不同位置、不同距离、不同深度的强夯振动测试成果的分析研究，初步了解了强夯振动传播规律及地基传播振动的一些特性。并对隔振沟的隔振原理得出了初步的结论：

1. 从理论上讲，由于横波不能在空气中传播，所以只要薄薄的一层空气就可以将振动隔开，但实际情况远非如此。隔振沟的隔振效果与隔振沟的深度有着最直接的关系。浅的隔振沟只能隔离地基表层的面波。横波是地基在纵波作用下压缩剪切变形激发的振动，它的强度是随纵波的强度变化的。纵波随着深度的增加而衰减，横波也随着衰减。所以只有隔振沟的深度足够大，才能保证隔振效果满足安全要求。强夯能级越大，隔振沟的深度也应越大。

2. 隔振沟的有效隔振深度，应从夯击点的起夯标高算起。

3. 强夯振动影响中的放大效应原理

强夯振动的传播其实是力传播的一种形式。由于 $F＝ma$，m 是质点的质量，由于质点的振动同尺寸和大小无关，当两个测试点相近时，$F_1 \approx F_2,m_1 a_1 \approx m_2 a_2$；

当两个测试点质量差别很大时，若 $m_1 ＜ m_2$，就有 $a_1 ＞ a_2$ 的放大效应。

三门峡电厂由于隔振沟的底标高高于夯击点的标高，所以强夯时传来的振动力没有竖直方向上的衰减，只有水平方向上的衰减。当传播到接近沟边位置时，由于隔振沟空间的存在，使得质点的质量相比于沟边地面大大减小，所以出现了振动加速度放大的现象。

当对位于同一位置的房屋地面和屋顶测试时，由于房顶是具有空间结构的质点，所以质量 m 会比地面下降很多。于是就得出了房顶振动加速度放大的结果。

当地表有覆盖层时，由于质量增大，振动强度衰减，所以传播的振动影响也就小了。对于同一位置的地基土和混凝土浇筑体（如桩墩等），混凝土浇筑体的振动速度变小也是同一原理。

五、隔振措施

1. 从以上分析可以明确，隔振沟是消除强夯振动影响的根本措施，但在实际应用中隔振沟的开挖存在以下困难：

（1）现有的开挖机械，开挖深度有限；

（2）当开挖深度过大时，隔振沟坍塌和安全防护支撑困难。

2. 解决的方法

（1）为了解决隔振沟开挖的深度问题，可以采用大沟中套小沟的方法；

（2）当场地容许时，可以采用阶梯形隔振沟，即一个阶梯上开挖一道沟，在下一个阶梯上开挖第二道沟，隔振效果由两道沟传递完成。

（3）当沟深过深，容易坍塌时，可采用填充材料的方法加以支撑，沟中回填材料的弹性模量与土体的弹性模量相差越大，隔振效果越好。在工程中建议采用锯末、橡胶、钢弹簧、乳胶、海绵、毛毡以及空气弹簧等，这类弹性模量较小的材料作为隔振沟的填充物能起到较好的隔振效果。

六、强夯振动影响的安全标准

（一）借鉴标准

1. 目前，国内还没有专门的强夯振动安全标准，工程界采用现行国家标准《爆破安全规程》GB 6722—2014 的相关规定，见表 2-37。

强夯振动安全允许标准（GB 6722—2014）　　　　表 2-37

序号	保护对象类别	安全允许振速（cm/s）		
		<10Hz	10～50Hz	50～100Hz
1	土窑洞、土坯房、毛石房屋[①]	0.5～1.0	0.7～1.2	1.1～1.5
2	一般砖房、非抗震的大型砌块建筑物[①]	2.0～2.5	2.3～2.8	2.7～3.0
3	钢筋混凝土结构房屋[①]	3.0～4.0	3.5～4.5	4.2～5.0
4	一般古建筑和古迹[②]	0.1～0.3	0.2～0.4	0.3～0.5
5	水工隧道[③]	7～15		
6	交通隧道[③]	10～20		
7	矿山巷道[③]	15～30		
8	水电站及发电厂中心控制室设备	0.5		

序号	保护对象类别	安全允许振速（cm/s）		
		<10Hz	10~50Hz	50~100Hz
9	新浇大体积混凝土④ 龄期：初凝~3d 龄期：3~7d 龄期：7~28d	2.0~3.0 3.0~7.0 7.0~12		

① 选取建筑物安全允许振速时，应综合考虑建筑物的重要性、建筑质量、新旧程度、自振频率、地基条件等因素。

② 省级以上（含省级）重点保护古建筑与古迹的安全允许振速，应经专家论证选取，并报相应文物管理部门批准。

③ 选取隧道、巷道安全允许振速时，应综合考虑建筑物的重要性、围岩状况、断面大小、爆源方向、地震振动频率等因素。

④ 非挡水新浇大体积混凝土的安全允许振速，可按本表给出的上限值选取。

注：1. 表列频率为主振频率，系指最大振幅对应波的频率。

　　2. 频率范围可根据类似工程或现场实测波形选取。选取频率时亦可参照下列数据：硐室爆破<20Hz；深孔爆破10~60Hz；浅孔爆破40~100Hz。

2. 因强夯振动波的传播方式及衰减规律同动力机器基础的振动规律十分相似，所以强夯安全标准还可以参考动力机器基础车间和房屋的允许极限振幅标准，车间和房屋的允许极限振幅参考值见表2-38。

车间和房屋的允许振幅参考值（mm）　　　　　　　表2-38

精密测量仪实验室	0.0
精密车床和试验设备车间	0.02~0.04
自动电力操纵的汽轮发动机	0.02
铸工部和特殊制型部	0.03~0.05
行政用房和居住用房	0.05~0.07

为今后深入研究强夯振动影响积累资料，本规程建议采用现行国家标准《动力机器基础设计规范》GB 50040—1996 提供的振动基础振波随距离的衰减公式，计算振动防护体的位移振幅，并以表2-38的防护标准确定安全距离。

$$A_{rj} = A_0 \left[\frac{r_0}{r} \xi_0 + \sqrt{\frac{r_0}{r}} (1 - \xi_0) \right] e^{-f_0 a_0 (r - r_0)} \qquad (2-9)$$

式中　A_{rj}——距离夯击点中心 r_j 处地面上的振动线位移（m）；

　　　A_0——夯击点处的振动线位移（m）；

　　　f_0——夯击点处的振动主频，一般为 50Hz 以下；

　　　r_0——夯锤半径，$r_0 = \sqrt{A_0/\pi}$；

ξ_0——无量纲系数，按表 2-39 选用；

α_0——地基土能量吸收系数，按表 2-40 选用。

系数 ξ_0 值　　　　　　　　　　　　　　　表 2-39

土的名称	振动基础的半径或当量半径 r_0（m）							
	0.5 及以下	1.0	2.0	3.0	4.0	5.0	6.0	7 及以上
一般黏性土、粉土、砂土	0.70～0.95	0.55	0.45	0.40	0.35	0.25～0.30	0.23～0.30	0.15～0.20
饱和软土	0.70～0.95	0.50～0.55	0.40	0.35～0.40	0.23～0.30	0.22～0.30	0.20～0.25	0.10～0.20
岩石	0.80～0.95	0.70～0.80	0.65～0.70	0.60～0.65	0.55～0.60	0.50～0.55	0.45～0.50	0.25～0.35

注：r_0 为中间值时，ξ_0 可用插入法。

地基土能量吸收系数 α_0 值　　　　　　　　表 2-40

地基土的名称及状态		α_0（s/m）
岩土（覆盖 1.5～2.0m）	页岩、石灰岩	$(0.385～0.485) \times 10^{-3}$
	砂岩	$(0.580～0.775) \times 10^{-3}$
硬塑的黏土		$(0.385～0.525) \times 10^{-3}$
中密的块石、卵石		$(0.850～1.100) \times 10^{-3}$
可塑的黏土和中密的粗砂		$(0.965～1.200) \times 10^{-3}$
软塑的黏土、粉土和稍密的中砂、粗砂		$(1.255～1.450) \times 10^{-3}$
淤泥质黏土、粉土和饱和细砂		$(1.200～1.300) \times 10^{-3}$
新进沉积的黏土和非饱和松散砂		$(1.800～2.050) \times 10^{-3}$

（二）三个不同类型强夯振动影响案例

表 2-41～表 2-43 是地基土性质不同的三个工程实例。

山西化肥厂黄土场地强夯振动安全施工距离（m）　　　表 2-41

强夯振动（kN·m）	安全振动速度（cm/s）				
	0.5	1	2	3	5
6250	50	33	22	18	15
5000	45	30	20	17	14
4000	39	27	18	16	13
3000	33	23	16	15	12
2000	27	19	14	12	10
1000	20	15	12	10	8

贵州黔东电厂石灰岩碎石土回填场地强夯振动安全施工距离（m）　表 2-42

强夯能级 (kN·m)	频率（Hz）	安全振动速度（cm/s）	极限振幅（mm）
	<10	0.5	0.05～0.07
4000	55		55
6000	65		55
8000	100		150

太原卫星发射中心体育馆强夯振动安全施工距离（m）　表 2-43

强夯能级 (kN·m)	安全振动速度（cm/s）				
	0.5	1	2	3	4
7000	150	100	—	70	50

1. 山西化肥厂强夯振动测试场地，湿陷性黄土层厚度在 18m 左右，液性指数在 0.165～0.350 之间，处于硬塑—可塑状态，是深厚土层强夯振动的典型代表，其强夯振动强度随着距离的增加衰减较快。

2. 贵州黔东电厂是强度较高的石灰岩碎石土回填场地强夯振动的典型代表，振动传播远，衰减较慢。

3. 太原卫星发射中心地基土上部为湿陷性黄土，厚度在 11m 左右，下部为砂卵石层，属于上软下硬土层，地基强夯时的振动强度更大，衰减更慢。

第三章　设　　计

第一节　强夯的应用范围与地基土分类

本章所研究的强夯包含动力密实法、动力固结法、改进型动力固结法和动力排水固结法。

强夯地基处理可用于机场、道路、港口、场站、储罐、仓储、工厂和房屋建筑等工程场地的天然地基处理和场平人工填筑地基的压实处理。

我国地域辽阔，自然条件千差万别，而地基土本身又是一个复杂多元的综合体系。地基本身有天然和人工堆填的差别，又有水上、水下、粗颗粒、细颗粒、饱和、非饱和、湿陷、液化等众多的区别。用几种简单的强夯加固模式去解析处理土层千变万化的各种地基显然不够合理。为了使强夯设计更具针对性、效果更好，有必要对强夯处理地基的类型进行划分。

Ⅰ　非饱和粗粒土

这类地基土主要指地下水位以上，饱和度低于70%，不含黏粒，以粗颗粒土为主的碎石土、砂土、人工填土。

Ⅱ　非饱和细粒土

这类地基土指地下水位以上，饱和度低于70%，黏粒含量低于20%，包含粗颗粒的碎石土、砂土、粉土、湿陷性黄土、人工填土。

Ⅲ　非饱和黏性土

这类地基土指地下水位以上，饱和度低于70%，黏粒含量大于20%的以细颗粒为主的碎石土、人工填土、一般黏性土、湿陷性黄土。

Ⅳ　饱和粗粒土

这类地基土指地下水位以下或地下水位以上不含黏粒，饱和度大于70%的以粗颗粒为主的碎石土、砂土、人工填土。

Ⅴ　饱和细粒土

这类地基土指地下水位以下或地下水位以上黏粒含量低于20%、饱和度大于70%的碎石土、粉砂、粉土、湿陷性黄土。

Ⅵ　饱和黏性土

饱和黏性土指黏粒含量大于20%的地下水位以下或地下水位以上饱和度大于70%的以黏性土为主的碎石土、人工填土、一般黏性土、红黏土。

Ⅶ　淤泥，淤泥质土

软塑—流塑状态的黏性土。

（一）适宜采用强夯密实法的地基土类型

Ⅰ、Ⅱ、Ⅲ、Ⅳ、Ⅴ类地基土适用于强夯密实法，但这五类地基土又因土的物理性质差别，强夯有效加固深度差别较大。

从强夯有效加固深度和加固效果分析，Ⅰ类、Ⅳ类土同等能级下加固深度大，夯后的力学强度和抗变形强度高，且遍与遍之间可不考虑间歇时间。而Ⅱ类、Ⅲ类地基土的加固深度会由于含水量的降低、饱和度的下降，有效加固深度会明显地降低。Ⅲ类地基土又劣于Ⅱ类地基土，遍与遍之间应考虑间歇时间，且Ⅲ类的间歇时间要大于Ⅱ类。

Ⅴ类饱和细粒土的很大一部分是可液化地基，是非常适用强夯密实法的一类地基，有效加固深度大，加固效果好。这类地基土中另一部分，当黏粒含量接近20％时，强夯的加固机理中含有一定的动力固结原理，应当适当考虑遍与遍间的间歇时间，属于动力密实法和动力固结法的过渡类型。

（二）适宜采用动力固结法的地基土类型

Ⅵ类是适用于原始意义上动力固结法原理的地基土类型，由于动力固结法会随着地基土黏粒含量的增加、含水量饱和度的增加，强夯加固效果越来越差，工程效率、经济效益逐渐变得得不偿失。在此情况下地基土应采用改进后的动力固结强夯法，遍与遍之间一定要设较长的间歇固结时间。

改进型的动力固结法为强夯半置换法。

（三）适宜采用动力排水固结法的地基土类型

动力排水固结法即强夯置换法，Ⅶ类土适用于动力排水固结法。

（四）非饱和黏性土强夯

非饱和黏性土饱和度在60％～70％之间，宜采用动力密实法，但要控制每遍的总夯击能，夯击数过多，可能会夯成橡皮土，遍与遍之间应留一定的间歇固结时间。

第二节　强夯有效加固深度

强夯有效加固深度是选择强夯施工能级（单击夯击能）的主要依据，也是表征强夯加固效果的关键指标。

强夯法创始人梅纳（Menard）提出了用下列公式估算强夯加固影响深度 H：

$$H = \sqrt{Mh} \tag{3-1}$$

式中　M——锤的质量（t）；

h——落距（m）。

从上式可以看出，影响深度仅与锤的质量和落距有关。但实际上，影响强夯有效加固深度的因素很多，地基土性质、不同土层的厚度和埋深顺序、地下水、夯击次数、锤底单位压力都与有效加固深度有关。但梅纳公式是有意义的。就强夯本身这种工艺来讲，它的能量来源只与锤的质量和落距有关，毕竟梅纳公式提供了一种探寻有效加固深度的途径。当它面对不同使用条件时，就应当予以修正。

自1980年以来，国内外学者从不同理论出发，对利用梅纳公式确定有效加固深度提出各种方法和建议，其中较多的学者建议对梅纳公式乘以小于1的修正系数。如：Leonards et al（1980）建议对砂土地基乘以0.5的修正系数。Cambin（1984）认为修正系数的值为0.5～1.0；Maynel et al建议修正系数为0.33～1.0，范维垣等建议不同土类采用不同的修正系数，范围为0.34～0.50；王成华（1991）建议修正系数为0.4～0.95；王铁宏等（2005）建议修正系数范围值为0.2～0.65；还有一些学者根据能量守恒原理提出了一些方法，但这些修正系数采用的依据不明确，修正系数的范围偏大，实际应用意义不大。

首先，没有明确有效加固深度的标准是什么，不同性质的地基处理要求不同；其次，即使是处理的要求相同，要求的程度也不同。例如，对于一个6m厚度的填土地基，压实度要求分别为0.97和0.94，承载力设计值分别为250kPa和180kPa时，采用同一能级处理，显然不合理，也不经济，这正是当前强夯机理研究和设计需要改进的地方。

《建筑地基处理技术规范》JGJ 79—2012表6.3.3-1强夯的有效加固深度表达的是综合性的有效加固深度，它是按土颗粒的粗细来分类确定强夯有效加固深度，适用于初步设计时的参考与估算。如果要达到设计上的经济、先进、合理，则需要结合地基土的处理要求、地基土的物理力学性质和地基强度、力学指标设计值再进一步细化。

一、根据处理要求确定有效加固深度的标准

（一）湿陷性黄土地基

消除湿陷深度是强夯有效加固的深度标准，结合土性指标确定强夯的主夯能级，并参考承载力、压缩模量等设计指标来确定强夯的能级组合和施工参数。

（二）可液化砂土地基

液化消除深度是强夯有效加固深度的标准，并以此为主结合土性指标确定强夯的主夯能级，并参考承载力、压缩模量等设计指标来确定强夯的能级组合和施工参数。

（三）填土地基

压实度是强夯有效加固深度的标准，并以此为主结合土性指标确定强夯的主

夯能级，并参考承载力、压缩模量等设计指标来确定强夯的能级组合和施工参数。

（四）一般天然地基

依据处理要求是以强度控制为主，还是以控制变形为主作为强夯有效加固深度的标准，并以此为主，再结合设计指标的高低和土性指标来确定强夯能级组合和施工参数。

二、根据部分工程试验，不同土类有效加固深度参考值

（一）粗颗粒土的有效加固深度（表 3-1）

粗颗粒土的强夯有效加固深度表　　　　　　　　　　　表 3-1

单击夯击能（kN·m）	有效加固深度（m）	修正系数 a
1000	4.0～5.0	0.4～0.6
2000	5.0～6.0	0.35～0.42
3000	6.0～7.0	0.38～0.4
4000	7.0～8.0	0.35～0.4
5000	8.0～8.5	0.35～0.38
6000	8.5～9.0	0.35～0.37
8000	9.0～9.5	0.32～0.34
10000	9.5～10.5	0.3～0.33
12000	10.5～11.5	0.3～0.33

注：主要处理土层位于地下水位以上时取低值，主要处理土层位于地下水位以下时取高值。

（二）可液化砂土地基的有效加固深度（表 3-2）

可液化砂土地基的强夯有效加固深度表　　　　　　　表 3-2

单击夯击能（kN·m）	液化消除深度（m）	修正系数 a
1000	4.0～6.0	0.4～0.6
1500	5.0～7.0	0.4～0.6
3000	7.0～8.5	0.4～0.5
4000	8.0～10.0	0.4～0.5
6000	10.0～12.0	0.4～0.5

注：1. 当处理深度内有干硬性垫层或夹层时取小值，反之取大值；

　　2. 当地基液化指数高时取小值，液化指数低时取大值。

（三）填土地基的有效加固深度（表 3-3）

填土地基的强夯有效加固深度表 表 3-3

单击夯击能（kN·m）	填方厚度（m）	修正系数 a
3000	4～5	0.23～0.29
4000	5～7	0.25～0.35
6000	7～8	0.29～0.33
8000	8～9	0.28～0.32
10000	9～10	0.28～0.32

注：1. 当设计压实系数 λ_c 较大时，取小值；

2. 当设计压实系数 λ_c 较小时，取大值。

（四）湿陷性黄土地基的有效加固强度

1. 湿陷性黄土属于非饱和细粒土或非饱和黏性土，在形成的漫长过程中由于各种复杂的分化过程，各种土颗粒表面通常包裹着一层矿物和有机物的多种新化合物或胶体物质的凝胶，使土颗粒形成一定大小的团粒。这种团粒具有相对的水稳定性和一定的强度。

非饱和土的夯实变形主要是由于土颗粒的相对位移而引起，当含水量较大时，土团粒的稳定性和强度相对较低，土颗粒相对位移相对容易；当含水量降低时，土团粒的稳定性和强度增高，土颗粒的相对位移就变难。

2. 湿陷性黄土当土中黏粒含量增大时，土团粒的稳定性和强度也增大，所以土的塑性指数也是影响强夯加固效果的一个因素，以上这两种因素的变化由液性指数的性质表现出来。

当 $0.75 < I_L \leqslant 1$，土的状态为软塑；

当 $0.25 < I_L \leqslant 0.75$，土的状态为可塑；

当 $0 < I_L \leqslant 0.25$，土的状态为硬塑；

当 $I_L \leqslant 0$，（天然含水量小于塑限），土的状态为坚硬。

当液性指数变为负值，随着绝对值的增加，土的坚硬度增大，地基强夯所消耗的能量也增大，这种现象对湿陷性粉质黏土影响更突出一些。

山西化肥厂湿陷性黄土不同液性指数地基处理效果比较见表 3-4，根据液性指数和塑性指数确定的湿陷性黄土有效加固深度见表 3-5。

山西化肥厂湿陷性黄土不同液性指数地基处理效果比较 表 3-4

工程项目	总变电站	2 号冷却塔	1 号冷却塔
强夯处理能级 （kN·m）	4000	6000	5000

续表

工程项目	总变电站			2号冷却塔			1号冷却塔		
湿陷性消除深度设计要求（m）	9			12			10		
地基土物理指标	含水量 w（%）	塑限 w_P	液性指数 I_L	含水量 w（%）	塑限 w_P	液性指数 I_L	含水量 w（%）	塑限 w_P	液性指数 I_L
平均值	24.50	21.0	0.3	21.1	19.3	0.17	20.1	20.2	−0.04
实际消除湿陷深度（m）	9			12			夯点6m、夯间3m		

湿陷性黄土强夯有效加固深度 表3-5

夯击能（kN·m）系数分类	$I_P \leq 10$				$I_P > 10$					
	$I_L \leq 0$		$I_L > 0$		$I_L < 0$		$0 < I_L \leq 0.25$		$0.25 < I_L \leq 0.75$	
	加固深度	修正系数	加固深度	修正系数	加固深度	修正系数	加固深度	修正系数	加固深度	修正系数
1000	3.5~4.0	0.35~0.4	4.0~5.0	0.4~0.5	2.0~3.5	0.2~0.35	3.5~4.0	0.35~0.4	4.0~5.0	0.4~0.5
2000	5.0~6.0	0.35~0.42	5.5~6.5	0.4~0.46	2.8~5.0	0.2~0.35	5.0~6.0	0.35~0.42	5.5~6.5	0.4~0.46
3000	6.0~7.0	0.35~0.40	7.0~7.8	0.4~0.45	3.5~6.0	0.2~0.35	6.0~7.0	0.35~0.40	7.0~7.8	0.4~0.45
4000	7.0~8.0	0.35~0.40	8.0~9.0	0.4~0.45	4.0~7.0	0.2~0.35	7.0~8.0	0.35~0.40	8.0~9.0	0.4~0.45
5000	8.0~9.0	0.35~0.40	9.0~10.0	0.4~0.45	4.5~7.8	0.2~0.35	8.0~9.0	0.35~0.40	9.0~10.0	0.4~0.45
6000	9.0~9.5	0.36~0.38	10.0~11.0	0.4~0.45	5.0~8.5	0.2~0.35	9.0~9.5	0.35~0.40	10.0~11.0	0.4~0.45
7000	9.5~10.0	0.36~0.38	10.5~12.0	0.4~0.45	5.3~9.0	0.2~0.35	9.5~10.0	0.36~0.38	11.0~12.0	0.4~0.45
8000	10.0~11.0	0.35~0.39	12.0~13.0	0.42~0.45	5.7~9.0	0.2~0.35	10.0~11.0	0.39~0.39	12.0~13.0	0.42~0.45
10000	11.0~12.0	0.35~0.38	13.0~14.5	0.41~0.45	6.5~11.0	0.2~0.35	11.0~12.5	0.35~0.40	13.0~14.5	0.41~0.45

续表

夯击能 (kN·m) 系数分类	$I_P \leqslant 10$				$I_P > 10$					
	$I_L \leqslant 0$		$I_L > 0$		$I_L < 0$		$0 < I_L \leqslant 0.25$		$0.25 < I_L \leqslant 0.75$	
	加固 深度	修正 系数	加固 深度	修正 系数	加固 深度	修正 系数	加固 深度	修正 系数	加固 深度	修正 系数
12000	12.0~ 13.0	0.35~ 0.38	14.0~ 15.5	0.4~ 0.45	7.0~ 12.0	0.2~ 0.35	12.5~ 13.5	0.39~ 0.39	14.0~ 15.5	0.4~ 0.45
注释	I_P 小时取大值，I_P 大时取小值		I_L 小时取小值，I_L 大时取大值		I_L 绝对值大时取小值，I_L 绝对值小时取大值		I_L 小时取小值，I_L 大时取大值		I_L 小时取小值，I_L 大时取大值	

第三节 强 夯 参 数 设 计

一、强夯夯击时锤底土层夯实性状

在强夯时，经过一定的夯击数，夯点下形成下一个数米深度的夯坑，若以一夯坑深度为 3m，夯坑直径也为 3m，则约有 21m³ 的土体被推下夯坑坑底，这样不但夯锤底下一定深度内加密，形成楔形体（更准确地说像一个梨形体），周围的土体被挤密。至于侧向挤密的宽度，不仅同土质情况、夯点的击数有关，也和能级有关。因为土体向下移动和侧挤时，不但要克服底部向上的阻力，也要克服侧向的剪切力。显然强夯能级越大，楔形体克服阻力和剪切的能力越大，横向加密的宽度也越大。同时，当夯坑越深，意味着侧向土体的上覆土压力也越大，夯间土的挤密效果也就越好。

从影响的大小比较，能级首先对加固的深度影响最大，侧向影响次之。再从纵向面上分析，点夯后的地基可以分为三个区域，第一个区域为地面起至夯坑底一定深度，即两个梨形体的交接处，为强夯的扰动带；第二个区域为强加固带，为两个梨形体交接处向下一定深度。再往下是强夯弱加固带（见图 3-1）。

强夯扰动带的深度随夯点间距和能级的增大而增大。所以在强夯工艺上有这样的说法，大夯距加固深层，中等夯距加固中层，小夯距加固浅层。相对应深层采用高能级，中层采用次高能级，浅层采用中低能级，低能级满夯用于表层。当加固深度小时，由于强夯能级也低，只要采用满夯就可以将强夯扰动带予以加固。

对地基处理深度大的地基，所应用的强夯工艺也较复杂，能级组合也较复

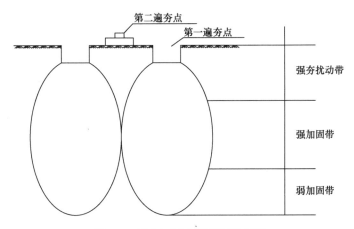

图 3-1 强夯加固土层剖面示意图

杂。而地基处理深度小的地基，工艺相对简单，能级组合也相对简单。

二、强夯能级设计

首先根据强夯的有效加固深度和地基土的性质确定强夯的主夯能级，保证达到设计要求的加固深度；然后再根据设计要求的强度、密实度和变形控制指标来确定强夯的次夯能级和复夯能级、满夯能级。强夯能级的设计原则是高能级处理深层、次夯能级（复夯）能级处理中层、满夯能级处理表层。设计时，还应坚持技术先进、经济合理的原则。

在进行能级组合时，可选择以下几种模式：

（1）各个能级之间，在夯点布置上无关联，这种方法的布点形式宜为正三角形。主夯能级，按照选定的能级确定夯距布点，确保能达到设计的有效加固深度和所处理的深层土夯点夯间也达到设计要求指标。

夯完后，将场地推平或用填料填平，进行副夯能级的布点，副夯能级的夯点和主夯点不发生关联，按照选定的能级确定夯距布点。确保副夯所处理的深度达到所要求的中层深度，保证处理深度内达到设计要求指标。副夯夯完后，将场地推平或用填料填平。进行满夯能级的布置，满夯能级的确定根据副夯处理后的剩余土层厚度和地基持力层的设计强度、承载力、压缩性指标要求确定满夯能级和夯击次数。

（2）各个能级之间夯点布置相关联

1）主夯＋副夯＋复夯＋满夯模式

这种方法，强夯布点一般采用正方形或长方形等矩形形式，即主夯点布在矩形四角，副夯能级插点布置。

当副夯为一个能级时，副夯点布在矩形中间。

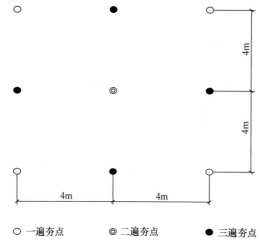

○ 一遍夯点　　◎ 二遍夯点　　● 三遍夯点

图 3-2　主夯+副夯+满夯布点示意图

当副夯为两个能级时，副 1 能级布在矩形中间，副 2 能级布在主夯两夯点间。

这种布点方式有一个问题是：当主夯点能级很高时，由于夯坑很深，主夯完成场地推平后，主夯点还需要再增加一遍复夯。

布点形式见图 3-2，复夯完成后将场地推平或用填料填平，进行满夯处理，满夯能级的确定同模式（1）。

每遍夯完后，将场地推平或用填料填平，再进行下遍强夯。

2）主夯+复夯+满夯模式、主夯+满夯模式

这种处理模式，一般主夯能级在 5000kN·m 以内，可直接采用正三角形或正方形布点。主夯完成后，如果夯坑深度超过 2m，应增加一遍低能级主夯原点复夯。如果主夯深度小于 2m，则直接进行满夯。

三、夯点间距设计

（一）夯点间距的确定原则

图 3-3 是我国较早开展强夯研究的太原理工大学土木系地基教研组 1980 年在强夯试验时实测的应力分布和等压线图。

该试验的强夯能级为 850kN·m，锤重 170 kN，落距 5m，锤底静压力为 42.5kPa。

从图中可以看出，强夯的影响范围像一个压力泡，如果按一定的等密度曲线来划出土楔形状，便是一个梨形体。如果这个等密度的密实度标准是强夯的设计要求值，那么这个梨形体的宽度便是所要求的强夯夯点间距。

如果降低这个等值线的标准，则梨形体在垂直投影面上第一个的宽度增大，夯点间距也就增大。这个等值线的标准可以依据地基

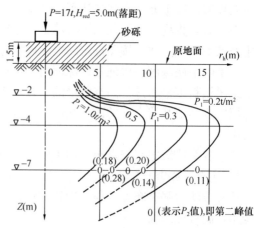

图 3-3　第一个应力峰值 P_1 的分布和等压线

类型来确定。假如地基按复合地基使用，夯距最薄弱处满足夯点夯间的加权平均值即可。如果把地基作为均匀地基看待，基础形式的布置不考虑夯点夯间强度的差异，则这个等值线的标准可以要求高一些，即夯距就应小一些。

（二）根据能级的不同采用不同的间距

1. 我国早期山西化肥厂湿陷性黄土地基强夯处理的布点间距如表 3-6 所示。

山西化肥厂强夯不同能级夯点间距与布点形式参数表　　　　表 3-6

能级 （kN·m）	锤重 （kN）	落距 （m）	锤底面积 （m²）	锤底直径 （m）	夯点间距 （m）	为锤径倍数	布点形式
6250	250	25	7	2.99	6	2.00	正方形
5000	250	20	7	2.99	6	2.00	正方形
4000	200	20	6	2.76	5	1.81	正方形
3000	200	15	6	2.76	5	1.81	正方形
1000	100	10	4	2.26	3	1.33	正方形

2. 山西机械化建设集团夯点间距和布点形式经验参数见表 3-7。

山西机械化建设集团夯点间距和布点形式经验参数表　　　　表 3-7

能级 （kN·m）	锤重 （kN）	落距 （m）	锤底面积 （m²）	锤底直径 （m）	夯点间距 （m）	为锤径倍数	布点形式
1000	100～150	6.7～10.0	4～5	2.25～2.52	3.5	1.20～1.30	正三角形
2000	150～200	10.0～13.3	5	2.52	4.0	1.59	正三角形
3000	150～200	15.0～20.0	5	2.52	4.5	1.79	正三角形
4000	200	20.0	5	2.52	4.5～5.0	1.79～2.00	正三角形
5000	250	20.0	5	2.52	5.0～5.5	2.00～2.18	正三角形
6000	300	20.0	5	2.52	5.5～6.0	2.18～2.38	正三角形
8000	300～400	20.0～26.7	5	2.52	6.5～7.0	2.58～2.77	正三角形

注：承载力和压缩性指标要求高时取小值，反之取大值。

（三）我国常用强夯夯点间距和布置形式

在我国强夯法推广应用的三十多年中，夯点间距和布置形式多种多样，所产生的效果不同，归纳起来有以下几种情况：

1. 布点形式

强夯布点形式有正方形、长方形、正三角形、等腰三角形、梅花形（正方形中间加一点）、条基形式、独立基础形式等。

结合工程实际，因地制宜，以上布点形式各有可取之处。需要指出的是，以下所讨论的夯距，都是指点夯各遍完成后，满夯除外，最终在地基平面上形成的夯点间距。

2. 各种布点形式的特点分析

以 3000kN·m 能级的强夯进行分析与比较。

（1）夯距 4.0m×4.0m，正方形布点（见图 3-4a）。每个夯点分担处理面积 $4.0×4.0=16m^2$，夯点间最大距离为 $C=1.414a=5.66m$，最小夯间距 4.0m。

（2）夯距 4.5m×4.5m，正三角形布点（见图 3-4b）。每个夯点分担处理面积 $4.5×4.5×0.866=17.5m^2$，夯点间最大距离为 $C=a=4.5m$，最小间距也是 4.5m。

（3）夯距 5.5m×5.5m，正方形布点中间加一点，即梅花形布点（见图 3-4c），最小距离为 $d=1.414a/2=3.89m$。

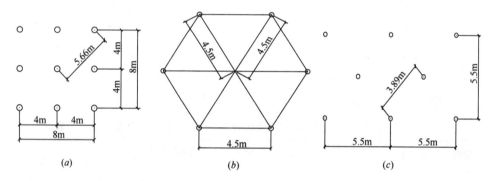

图 3-4 不同布点形式的比较

从以上的比较分析可以看出，每个夯点分担的处理面积以 4.5m×4.5m 正三角形布点间距最大，也即强夯效率最好，最大间距为 4.5m，最小间距也为 4.5m，即强夯加固的均匀性也最好；4.0m×4.0m 正方形布点，最小间距 4.0m，最大间距 5.66m，加固效率次之，均匀性也差；5.5m×5.5m 间距，正方形布点中间加一点，最大间距 5.5m，最小间距 3.89m，施工效率最差，均匀性也最差。

例：某工程为湿陷性黄土地基，湿陷土层厚度 7.0m，采用 3000kN·m 强夯处理，要求消除全部土层的湿陷性。方案：夯点间距 5.5m×5.5m 正方形布点，中间加一点，地基处理后，用探井取原状土做湿陷性试验。夯点湿陷性及最小夯距的 3.89m 的中间部位湿陷性全部消除，但 5.5m 夯间距中间部，多次检测，湿陷性均未消除。而当采用 4.5m×4.5m 夯点间距，正三角形布点时，则无论夯点、夯间，湿陷性全部消除，而且效率提高 15%。

3. 按基础形式布点

基础形式为筏基或大面积满堂布点处理，采用正三角形布点，处理效果地基均匀性好，且经济、施工效率高。

当地基局部处理或基础形式为独立基础、条基时，可采用正方形、长方形、梅花形、等腰三角形等布点形式。布点时，应考虑基础柱距模数与夯距模数的相容，同时要保证基础形心位置与轴线上要有夯点，同时基础边线外要有一定的扩夯宽度，扩夯宽度宜为处理深度的 1/2～2/3，且≥3m，不同能级搭配时夯点间距的搭配参见本书表 7-26。

（四）夯点的夯击次数

1. 夯点的夯击次数从《建筑地基处理技术规范》1991 年版到 2012 年版，其确定标准一直随着强夯施工设备和技术改进、强夯能级的提高不断调整。

2.《建筑地基处理技术规范》JGJ 79—2012 第 6.3.3 条第 2 款规定：夯点的夯击次数应根据现场试夯的夯击次数和夯沉量关系曲线确定，并同时满足下列条件：

（1）最后两击的平均夯沉量宜满足表 3-8 的要求，当单击夯击能 E 大于 12000kN·m 时，应通过实验确定；

强夯法最后两击平均夯沉量（mm）（JGJ 79—2012 表 6.3.3-2） 表 3-8

单击夯击能 E（kN·m）	最后两击平均夯沉量不大于（mm）
$E<4000$kN·m	50
$4000\leqslant E<6000$	100
$6000\leqslant E<8000$	150
$8000\leqslant E<12000$	200

（2）夯坑周围地面不应发生过大的隆起；

（3）不因夯坑过深而发生提锤困难。

这种调整是符合地基处理的设计要求、保证处理质量均匀性的原则的，是夯击次数设计的一个指导性标准。但任何标准，面对各种复杂和特殊情况，就应该根据实际情况，实事求是、因地制宜予以处理，不能将其绝对化。

1）当发生地面隆起过大时，应通过调整强夯能级、夯击次数等设计参数，经过强夯试验和效果检测来制定合理的施工参数，重新确定夯击次数和最后两击夯沉量平均值标准。这时候一切以达到设计要求为目的，不可将规范的规定值当作不可更改的铁律。

2）当夯坑过深而发生起锤困难时，更应视夯坑起锤临界深度的大小采取措施。某些条件下，地基处理的设计要求首先是加固深度，其次才是地基强度和承载力、压缩模量等指标。在这种情况下，如果临界夯坑深度足够大、加固深度已有保证，则不必强求最后两击夯沉量平均值达到规定标准。如三门峡某湿陷性黄土地基，夯坑深度一般在 5m 以上，最大可达 7m。虽然未发生起锤困难，但已给挂钩等施工环节造成困难。该场地就以夯坑深度 5m 作为停锤标准。地基的均匀性要求、强度和承载力等设计要求，通过后续的插夯、复夯、满夯等环节予以控制。

3）最后两击夯沉量平均值的控制标准还可以根据以下条件予以调整，并通过强夯试验确定：

① 根据设计要求予以调整

当地基承载力、压缩模量、密实度等设计指标要求高时，可将最后两击夯沉量平均控制值适当缩小；当地基承载力、压缩模量、密实度等设计指标要求低时，可将最后两击夯沉量平均控制值适当放宽。

② 根据地基土的性质进行调整

对较硬土、地基饱和度很低的湿陷性黄土、一般黏性土、砂类土、碎石土，可将最后两击夯沉量平均值缩小一定幅度。

对饱和度偏高的一般黏性土、湿陷性黄土地基，可适当增大最后两击夯沉量平均值控制标准。

（五）满夯处理

1. 当地基土扰动层厚度在 1～3m 时，能级可取 1000～2000kN·m，满夯能级也可根据主夯点夯的能级确定；当主夯能级大于 6000kN·m 时，满夯可取 2000kN·m；当主夯能级大于 8000kN·m 时，满夯可取 2500kN·m；当主夯能级为 4000～6000kN·m 时，满夯可取 1500kN·m；当主夯能级小于 4000kN·m 时，满夯可取 1000～1500kN·m。

2. 满夯的击数直接关系到地基持力层的强度与承载力，击数过少，承载力很难提高，满夯能级可根据地基承载力设计值的不同取 4～6 击。

3. 满夯后的地表处理

满夯后的地表应加一遍机械碾压，以消除地表满夯后的扰动疏松层。

（六）强夯处理范围

强夯地基处理范围应大于工程基础范围，每边超出基础外缘的宽度宜为基础下设计处理深度的 1/2～2/3，并不宜小于 3m。

（七）起夯面标高的确定

强夯法应预估地面的平均夯沉量，并在试夯时予以校正。场地起夯面标高应根据场地夯后的平均夯沉量和夯后地面的整平设计标高确定。夯后的地面整平标高应根据场地的使用要求、基坑开挖时的土方平衡确定，宜高于基底设计标高 0.5m 以上。

（八）试验检测

1. 强夯后的地基承载力特征值的确定应通过现场载荷试验确定。

2. 强夯地基变形计算应符合现行国家标准《建筑地基基础设计规范》GB 50007 的有关规定进行计算，压缩模量应通过处理后的原位测试或土工试验确定。

第四节　改进型动力固结强夯法

一、适用范围

改进型动力固结强夯法又称为强夯半置换法，适用于本章Ⅵ类地基土，即地下水位以下或地下水位以上饱和度大于70％的一般性黏土、粉土、湿陷性黄土、红黏土及黏粒含量大于20％以细颗粒为主的人工填土等地基。

二、参数设计

1. 改进型动力固结强夯法的单击夯击能和处理深度应通过现场试验确定。

2. 夯坑内硬质粗骨料置换深度应通过现场试验确定，并不小于处理深度的1/2～2/3。

3. 夯坑内硬质粗骨料回填材料可用级配良好的块石、碎石、矿渣、建筑垃圾等粗骨粒材料，填料中粒径大于300mm的颗粒含量不宜超过全重的30％，最大粒径不应大于800mm。

4. 夯点的夯击次数应通过现场试夯确定，同时满足下列要求：

（1）累计夯沉量应为设计墩长的1.5～2.0倍；

（2）最后两击的夯沉量平均值不应大于试夯确定的规定值。

5. 夯间距应根据载荷大小和原土的承载力选定，当满堂布点时，可取夯锤直径的2.0～2.5倍，对独立基础或条形基础可取夯锤直径的1.5～2.0倍。

6. 处理范围与强夯法相同。

7. 墩顶应铺一层厚度不小于500mm的压实垫层，垫层材料应与墩体材料相同，级配良好、粒径不应大于300mm。

8. 改进型动力强夯法设计时，应预估地面抬升值，并在试夯时予以校正，起夯面的标高应根据场地夯后抬升量和场地夯后地面的整平设计标高确定。夯后的地面整平标高应根据场地的使用要求、基坑开挖时土方平衡确定，宜高于基底设计标高0.5m以上。

三、试验检测

1. 改进型动力强夯法地基承载力可按复合地基确定，墩体与墩间土的承载力可分别通过现场载荷试验确定。复合地基承载力可按下式计算：

$$f_{spk} = mf_{pk} + (1-m)f_{sk} \tag{3-2}$$

式中　f_{spk}——复合地基承载力特征值（kPa）；

　　　f_{pk}——地基荷载试验确定的墩体承载力特征值（kPa）；

f_{sk}——地基荷载试验确定的墩间土承载力特征值（kPa）；

m——墩体面积置换率。

2. 改进型动力固结强夯法的变形计算应符合现行国家标准《建筑地基基础设计规范》GB 50007 的有关规定。压缩模量可按置换段和非置换段分别确定，置换段复合土层压缩模量的计算可按下式计算：

$$E_{sp} = [1 + m(n-1)]E_s \tag{3-3}$$

式中 E_{sp}——复合土层压缩模量（MPa）；

$\quad$ E_s——墩间土压缩模量（MPa），宜按当地经验取值，如无经验时，可取天然地基压缩模量；

$\quad$ m——面积置换率；

$\quad$ n——墩土应力比。在无实测资料时，对黏性土可取 2～4，对粉土可取 1.5～3，原土强度低取大值，原土强度高取小值。

第五节 强 夯 置 换 法

一、适用范围

强夯置换法即动力固结排水法，适用于淤泥、淤泥质土、黏性土等软塑—流塑的对变形控制要求不严的地基处理。

二、参数设计

1. 强夯置换墩的深度应由土层条件决定，应穿透软土层到达硬质土层上，置换墩体深度不宜超过 7m；采用柱锤时不宜超过 10m。

2. 强夯置换法的单击夯击能处理深度应通过试验确定。

3. 墩体材料可用组配良好的块石、碎石、矿渣、建筑垃圾等硬质粗颗粒材料，填料中粒径大于 300mm 的颗粒含量不宜超过全重的 30%，最大粒径不应大于 800mm。

4. 夯点的夯击次数应通过现场试夯确定，并应同时满足下列要求：

（1）墩体应穿透软弱土层，并达到设计墩长；

（2）累计夯沉量应为设计墩长的 1.5～2.0 倍；

（3）最后两击的夯沉量平均值不应大于试夯确定的设计值。

5. 墩位布置宜采用等边三角形或正方形。对独立基础或条形基础可根据基础形状与宽度相应布置。

6. 墩间距应根据荷载大小和原土的承载力选定，当满堂布置时可取夯锤直径的 2～3 倍，对独立基础或条形基础可取夯锤直径的 1.5～2.0 倍。墩的计算直径可取夯锤直径的 1.1～1.2 倍。

7. 当墩间净距较大时，上部结构和基础的刚度较好时，可适当增大墩间净距。

8. 强夯置换处理范围应符合《强夯地基处理技术规程》CECS 279：2010 第 4.3.11 条的规定。

9. 墩顶应铺一层厚度不小于 500mm 的压实垫层，垫层材料可与墩体相同，粒径不应大于 100mm。

10. 强夯置换设计时，应预估地面抬高值，并在试夯时予以校正，起夯面标高和夯后整平标高应符合《强夯地基处理技术规程》CECS 279：2010 第 4.2.12 条的规定。

11. 强夯置换法试验方案的确定，应符合《建筑地基处理技术规范》JGJ 79—2012 的规定。

三、试验检测

1. 确定软黏土强夯置换处理后的地基承载力，可只考虑墩体，不考虑墩间土的作用，其承载力应通过现场单墩载荷试验确定。

2. 强夯置换地基的变形计算，应符合现行国家标准《建筑地基基础设计规范》GB 50007 的有关规定。复合土层的压缩模量可按下式计算：

$$E_{sp} = [1 + m(n-1)]E_s \tag{3-4}$$

式中　E_{sp}——复合土层压缩模量（MPa）；

E_s——墩间土压缩模量（MPa），宜按当地经验取值，如无经验时，可取天然地基压缩模量；

m——面积置换率；

n——墩土应力比。在无实测资料时，对黏性土可取 2～4，对粉土可取 1.5～3，原土强度低时取大值，原土强度高时取小值。

第六节　特殊土地基强夯处理

一、软土地基

软土地基可采用强夯置换法，降水联合低能级强夯法和碎（砂）石桩联合低能级等方法处理。

（一）降水联合低能级强夯法

1. 软土地基采用降水联合低能级强夯法时，适用于处理渗透系数在 1×10^{-3}

cm/s～1×10^{-5} m/s 的中细砂——粉土地基。

2. 软土地基大面积强夯地基处理前，应结合勘察报告进行暗浜排查，并将暗浜（溏）换填。对于地质条件特殊，且无经验的场地应选择有代表性的区域进行试夯，通过夯沉量、地下水位、孔隙水压力监测以及夯前夯后加固效果的检测确定夯击能、夯击次数和间隔时间等设计参数。

3. 软土地基强夯宜采用低能级、少击数、多遍夯、先小后大的原则进行施工，宜采用 2～4 遍进行夯击，单击夯击能可从 400kN·m 逐渐增加到 2000kN·m 以上，具体工艺参数应通过试夯来确定。

4. 降水联合强夯地基处理应根据处理面积、处理深度和降水设备容量划分成若干个各自独立的降水系统，小区外围 3～4m 处布置的封堵井点宜为 1～2 排，井点间距宜为 1～2m。小区内按设计加固深度、土体渗透性确定井点密度和井管深度。井点布置成长方形或正方形网格。

5. 软土强夯地基变形计算应包括有效加固深度范围内的沉降和加固区下卧层的沉降，有效加固深度内土层的压缩模量应通过原位测试或土工试验确定。

（二）碎（砂）石桩联合低能级强夯法

碎（砂）石桩联合低能级强夯适用于下部为软土、冲填土地基，上部为碎石填土的地基，并应符合下列规定：

1. 上部填土应在碎（砂）石桩施工完成后回填，然后进行强夯。

2. 碎（砂）石桩联合低能级强夯软土地基变形计算包括上部填土强夯段和下部碎（砂）石桩段的沉降。上部填土段的压缩模量应通过原位测试确定；下部碎（砂）石桩段的压缩模量应采用复合土层压缩模量，其计算应符合《复合地基技术规范》GB/T 50783—2012 的有关规定。

二、湿陷性黄土地基

（1）采用强夯法处理湿陷性黄土地基，土的天然含水量宜低于塑限含水量 1%～3%。在拟夯实的土层内，当土的天然含水量低于 8% 时，必须采取增湿措施；当土的天然含水量低于 10% 时，宜对其增湿接近最优含水量；当土的天然含水量大于塑限含水量 3% 以上时，宜采用晾晒或其他降低含水量的措施。

（2）对于湿陷土层厚度超过 14m，含水量偏低、土质坚硬的超厚湿陷性黄土地基，应采用下列施工措施：

1）增湿法；

2）大夯距、多遍数、隔行隔点施工；

3）以夯坑深度为夯击质量控制标准。第一、第二遍的夯坑深度宜大于 5m，第三、第四遍的夯坑深度宜大于 4.5m。

（3）对于含水量低于最佳含水量的湿陷性黄土地基，强夯前按下列方法采取增湿措施：

按一定间距的注水孔的间距布点方式应与强夯布点形式相协调，注水孔间距模数应与夯距模数相容，钻孔后，向孔中灌砂后，向孔中定量注水，将处理厚度内的含水量增至接近最优含水量，每孔注水量应按下式计算：

当采用正方形布孔时：

$$V = \frac{(\overline{w}_{op} - \overline{w})b^2 z \overline{\rho}_d}{\rho_w} \qquad (3\text{-}5)$$

当采用正三角形布孔时：

$$V = \frac{(\overline{w}_{op} - \overline{w})b^2 z \overline{\rho}_d \times 0.866}{\rho_w} \qquad (3\text{-}6)$$

式中　V——每孔注水量（m^3）；

$\overline{w}$、$\overline{w}_{op}$——分别为处理深度土体厚度内土层的天然含水量加权平均值和最优含水量加权平均值，以小数计；

b——注水网格边长（m）；

z——注水增湿的土层厚度（m）；

$\overline{\rho}_d$——增湿厚度内土层天然干密度加权平均值（t/m^3）；

ρ_w——水的密度（t/m^3）；

孔中注水不宜采取大水漫灌，应分遍逐孔注水，并在每遍灌注后测定土层含水量，直至含水量满足施工设计要求。

（4）对于饱和度较高的湿陷性黄土地基，强夯前可采取以下方法降低含水量。

指按一定间距的分格网点的成孔方式、孔中填入生石灰块，将处理厚度内的土体的含水量降至最优含水量，每孔填灰量按下式计算：

$$V = \frac{(\overline{w} - \overline{w}_{op})b^2 z \overline{\rho}_d}{w_s \rho_w} \times 1.1 \qquad (3\text{-}7)$$

式中　V——每孔填灰量（t）；

$\overline{w}$、$\overline{w}_{op}$——分别为处理深度土体厚度内土层的天然含水量加权平均值和最优含水量加权平均值，以小数计；

b——灌灰孔方格网边长（m），2m；

z——需降低含水量的土层厚度（m）；

$\overline{\rho}_d$——增湿厚度内土层天然干密度加权平均值（t/m^3）；

ρ_w——水的密度（t/m^3）；

w_s——每千克生石灰的吸水率，可取 0.6～0.75。

三、山区地基

山区地基的强夯处理可适用以下几种情况：

1. 加固建设场地的软弱土层，消除建设场地的不均匀性；

2. 对建设场地可能存在的滑坡进行坡脚加固；

3. 对存在的断层破碎带进行加固；

4. 用强夯破坏土洞及回填后的加固处理；

5. 岩溶漏斗、洼地，用反滤料回填后，用强夯加固夯实；

6. 对石芽密布的岩溶地基，用回填料将石芽回填覆盖后，采用大能量强夯破碎石芽并夯实石芽间填土；

7. 顶板厚度不大的溶洞，可用强夯破坏顶板，回填填料后，夯实加固；

8. 加固分层填筑的填土地基。

四、人工填土地基

（一）人工填土强夯地基的填料选择：

1. 级配良好的粗粒料；

2. 对环境不会造成污染，性能稳定的工业废料、建筑垃圾；

3. 潮湿多雨地区的填土地基不宜采用成分单一的粉质黏土、粉土作填料，应掺入不少于30%的粗骨料；

4. 不得使用淤泥、耕土、冻土及有机含量大于5%的土；

5. 膨胀性岩土可作为地下水位以上高填方地基填筑体下部的填筑材料，并满足条件：

$$P_e \leqslant P_{cz} \tag{3-8}$$

式中 P_e——膨胀性岩土的膨胀力（kPa）；

P_{cz}——膨胀性填土顶面以上非膨胀性填土的自重压力（kPa）。

6. 泥岩、页岩、板岩等易软化、泥化岩石可作为地下水以上部位填土地基的材料，在气候潮湿多雨的地区，可用于排水条件良好的高填方地带；

7. 砂岩、泥岩等易风化岩作为填土材料，应考虑地基发生渗透变形和渗透破坏的可能性，并制定相应的防止渗透变形和破坏的级配控制标准、回填方法和施工措施；

8. 大块石填土材料最大粒径不应大于800mm。

（二）人工填土地基回填前的场地处理

1. 人工填土地基填筑前应先清除或处理场地填土层底面以下的耕植和软弱土层；

2. 回填场地回填前的场地软弱土层的处理可采用抛石挤淤、强夯和强夯置换、振冲桩等方法。可根据现场工程地质条件、水文地质条件进行经济技术比较，择优选用；

3. 当高填方地基原地基需要加固，其天然坡度在 1：5～1：2.5 之间时，应将天然地面开挖成倒坡台阶形状，台阶宽度不应小于 2m，当天然坡度陡于 1：2.5 时，应验算地基整体稳定性。

（三）人工填土强夯地基的回填

1. 成分简单、粒径均匀的回填土可采用抛填；

2. 成分复杂、粒径不均匀的块石和碎石土回填地基，除抛石填海和抛石挤淤地基外，应采用分层堆填，禁止抛填。分层堆填的亚层厚度可取 0.8～1.2m；

3. 强夯填土地基的填筑厚度应根据强夯的有效加固深度确定，对于填土高度较大的高填方地基，应将填土分层回填、分层强夯。除块石填土地基外，填土地基的强夯分层厚度可参考表 3-3 确定；

4. 当填土区有地下径流、泉水、裂隙水出漏时，应在填筑体与周边山体接触带构筑排水盲沟带，填筑体高度大于 30m 后，应视情况在填筑体中构筑排水盲沟网。排水盲沟网应设在两个强夯地基处理分层的中间；排水盲沟网可根据填土区的高度设一层或数层；排水盲沟应用土工布包裹。

（四）人工填土地基分层强夯

1. 人工填土地基应根据回填土的成分、饱和度、强夯的适用条件和施工环境等因素选择强夯方法，确定强夯施工工艺，并应通过强夯试验确定其适用性和处理效果；

2. 块石填方地基的强夯有效加固深度和分层处理厚度应通过强夯试验确定；

3. 在气候潮湿多雨的地区，易软化、泥化岩块填土地基，应及时回填，及时强夯，不宜久置和长期受雨水浸泡，受水浸泡后的泥岩填土地基表面软化层在强夯时应去除；

4. 分层强夯的填土地基表面应设置截水和排水系统。

（五）高填方分层强夯地基的质量控制和要求：

1. 高填方人工夯实的填土地基的质量控制和要求，应严格执行中华人民共和国国家标准《建筑地基基础设计规范》GB 50007—2011 第 6.3.7 条～6.3.11 条规定；

2. 地基土的压实度，一般情况下，均应采用重型击实试验标准，当回填土为粉质黏土，天然含水量在塑限±2％时，可采用轻型击实试验标准，当回填土的天然含水量低于塑限−2％以下时，应采用重型击实试验标准；

3. 当回填土层为地基持力层时，应根据建（构）筑物的结构类型和基础形式，进行强夯施工参数的进一步针对性、强化性的调整设计；

4. 填方高度地基大于 20m 时，对地基主要受力层范围以下填土的压实度应酌情予以调高 1～2 个百分点。

第四章 施 工

第一节 施 工 设 备

一、强夯机

国内强夯施工，从 20 世纪 70 年代末引进以来，至今经历了 30 多年的发展，能级达到 25000kN·m。施工设备最初以中小吨位（15～50t），安装用履带起重机作为改造对象，通过增加辅助装置，来实现 8000kN·m 以下能级的强夯作业。主要有以下几种形式：

1. 以 W1001、QU32、W200A 起重机为代表，加装辅助门架，形成的"强夯代用机"，这种代用强夯机一般用于 1000～8000kN·m 的强夯施工。目前在国内强夯施工市场仍然为主力机型。这种代用强夯机型经不断改造，目前最大能级达到 12000kN·m。

2. 以 W200A 起重机为代表，在强夯臂杆中后部加装防后倾装置而形成的强夯机。它能满足夯锤重量不大于 220kN，强夯能级不大于 550kN·m 的低能级强夯施工，具有轻便、灵活、机动性好的特点。其代表机型有杭州起重机厂QH550A 型强夯机。以上这些机型除 QH550A 型强夯机以外，均没有科研机构、高等院校和大型工程机械制造商参与技术开发、产品支持。所产设备性能、安全性、可靠性普遍较差。

3. 自 2005 年以来，国内高等院校、大型工程机械制造商不断参与到强夯机的研发和制造中来，强夯施工设备制造迎来一个发展时期。目前的发展趋势是：

（1）特大型化（10000～20000kN·m）和微型化（500～2000kN·m）；

（2）结构形式多样化：起吊支撑有三角架结构、井字架结构、T 形架结构、人字架结构、龙门架结构；

（3）一机两用型，即不带门架时用于中低能级，带门架时用于高能级；

（4）提升动力由油缸提升代替卷扬机提升，安全可靠、维修方便；

（5）电子化和信息化应用于强夯施工设备上，从而实现远距离控制。提高施工作业的安全性和防止人为错误动作，实现夯击下沉量自动测定，体现强夯信息化施工能力；

（6）模块化设计和具有自动装卸功能的设计，从而给强夯机远距离快速运输带来方便；

（7）节能和环保的设计理念，以减少发动机排放，提高液压系统效率，减少钢丝绳消耗为目标，使强夯机达到低排放，低消耗（燃油、钢丝绳）、高效率的作业。

（一）主要机型介绍

1. 三一重工 SQH401 强夯机

（1）主要技术参数（表 4-1）

SQH401 履带强夯机主要技术参数 表 4-1

技术指标		单位	数值
基本参数	夯能级	kN·m	4000/8000
	允许夯锤重量	t	20/40
	臂架长度	m	25
	工作角度	°	66~69
	最大提升高度	m	20
	作业半径	m	7.5~9
速度参数	提升绳速	m/min	0~40
	提升额定单绳力	t	20/30
	回转速度	rpm	0~1.8
	行走速度	km/h	0~1.4
	爬坡能力	%	30
发动机	型号	—	SC9DF340Q3
	输出功率	kW	251
	额定转速	rpm	2200
运输参数	整机重量	t	64
	配重重量	t	18
	最大单件运输重量（不拆履带）	t	45
	运输尺寸（含下节臂、$L \times W \times H$）	mm	12000×3400×3350
	接地比例	MPa	0.072

（2）SQH401 强夯机结构图（图 4-1）

（3）主要性能：无门架时夯击能 4000kN·m，允许最大夯锤重量 20t；有门架时夯击能 8000kN·m，允许最大夯锤重量 40t。

发动机：上柴 SC9DF340Q3 型直列、六缸、水冷、增压中冷电控发动机。额定功率/转速：251kW/2200r/min；最大扭矩：1430N·m/1400rpm。

电气控制系统：控制器、集成显示器可显示发动机的工作参数、夯击高度、

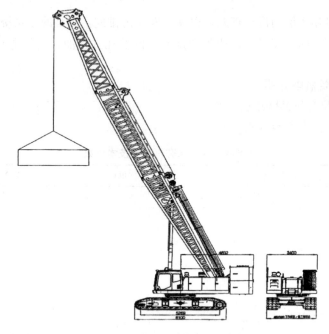

图 4-1　SQH401 强夯机结构图

夯坑深度、夯击数、夯坑数等强夯施工参数及机械工作状态。

液压系统：具有卓越的回转和提升微动性能、负荷传感、极限负荷调节，使操作平稳。

提升机构：钢丝绳由油缸直接拉动，操纵提升手柄，可以实现油缸两个方向运动，即重物的提升和下降动作。

变幅机构：臂架的变幅运动由两个变幅油缸直接实现。操纵变幅手柄，可以实现变幅油缸的两个方向运动，即实现了起重臂的起臂和落臂动作。

2. 宇通重工 YTQH 系列强夯机

（1）主要技术参数（表 4-2）

YTQH 系列强夯机主要技术参数　　　　　　　表 4-2

项目	单位	YTQH259	YTQH350A	YTQH450	YTQH600	YTQH800	备注
夯能级	kN·m	2500 (5000)	3500 (7000)	4500 (8000)	6000 (12000)	8000 (18000)	括号内为带门架夯击能
允许夯锤重量	t	15	17	23	30	40	地面吸附系数 1.5
工作角度	°	60~77	60~77	60~77	60~77	60~77	60~77

续表

项目	单位	YTQH259	YTQH350A	YTQH450	YTQH600	YTQH800	备注
臂架长度	m	16～22 (25)	19～25 (28)	19～25 (28)	19～25 (28)	20～26 (29)	括号内为带 门架长度
最大提升高度	m	22.8	25.7	25.8	26	27	顶部滑轮 中心距地
作业半径	m	5.5～14.4	6.3～14.5	6.5～14.6	6.5～14.6	7.0～15.4	
底盘宽度	mm	3360 (4100)	3360 (4520)	3300 (4830)	3360 (4900)	6250	
底盘轮距	mm	4690	5090	5300	5400	7100	
起升绳径	mm	22	26	28	28	32	
提升速度	m/min	0～112	0～93	0～93	0～60	0～52	
回转速度	r/min	0～2.7	0～2.4	0～2.5	0～1.8	0～1.5	
行走速度	m/min	0～1.3	0～1.4	0～1.4	0～1.4	0～1.6	
最大提升拉力	t	7～9	10～14	10～14	10～14	15～20	
额定提升拉力	t	5	6.6	8	7	13	
履带板宽度	mm	760	760	800	800	850	
接地比压	MPa	0.062	0.065	0.068	0.074	0.085	
爬坡能力	%	40	40	40	40	30	
发动机型号		康明斯 6BTAA5.9- C180	康明斯 6CTAA8.3- C240	康明斯 6LTAA8.9- C295	康明斯 6LTAA8.3- C360	潍柴 WP12.400N	
发动机输出功率	kW	132	179	215	264	294	
发动机额定转速	r/min	2200	2000	2000	2000	1900	
整机重量	t	47	55	65	70	119	
配重重量	t	14	11.8	21	25	35	
主机重量	t	27.5	31.74	36.7	38	40	运输状态
运输尺寸	mm	6900×3360 ×3250	7315×3360 ×3215	7710×3300 ×3400	8020×3360 ×3400	9830×3400 ×3400	不含下节臂

（2）YTQH800 结构图（图 4-2）

（3）主要工作性能及特点

液压驱动系统：YTQH 系列强夯机采用液压驱动形式，整机外形尺寸减小，自重大幅减少，接地比压小。

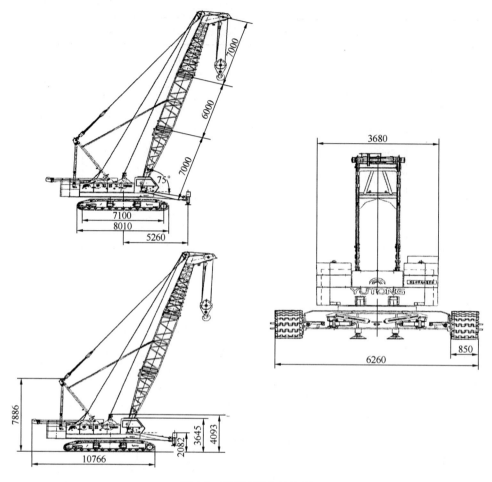

图 4-2 YTQH800 结构图

强劲动力系统：YTQH 系列强夯机采用东风康明斯/潍柴发动机，功率强劲、并搭配大功率变量主泵、传动效率高、高强度级别的卷扬机，抗疲劳强度高。

可伸缩的底盘机构：YTQH 系列强夯机采用加强专用可伸缩性的底盘结构。工作时，通过伸缩油缸履带展开，提高操作稳定性，转场运转时，履带收缩降低运输成本。

（4）YTQH2000 强夯机（表 4-3）

YTQH2000 强夯机主要技术参数 表 4-3

序号	项目名称	单位	参数	备注
1	夯能级	kN·m	20000	
2	臂架	m	25	龙门起重臂

续表

序号	项目名称	单位	参数	备注
3	底盘轮距	mm	10000	
4	底盘宽度	mm	10015	
5	履带板宽度	mm	1015	
6	提升拉力	t	20	第四层钢绳
7	最大提升速度	m/min	110	
8	最大行走速度	km/h	1.75	
9	爬坡能力	%	30	
10	发动机功率	kW	338	
11	发动机额定转速	r/min	1900	
12	整机重量	t	115	
13	主机重量	t	≤37	运输状态
14	主机宽度和高度	mm	≤3400	运输状态
15	接地比压	MPa	≤0.082	

（5）YTQH2000 强夯机结构图（图 4-3）

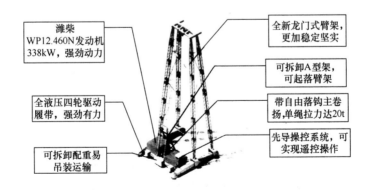

图 4-3　YTQH2000 强夯机结构图

3. 徐工建设集团 XGH1000 主强夯机

（1）主要技术参数（表 4-4）

主要技术参数   表 4-4

项目	单位	数值
夯能级	kN·m	10000
允许夯锤重量	kg	30000/40000
最大落距	mm	30000
垂直架高度	mm	35000
落地中心无障碍半径	mm	3800
接地长度	mm	6070
轨距	mm	6200
履带板宽度	mm	910
起升绳径	mm	28
起升倍率		1
满载起升速度	m/min	20
下降速度	m/min	180
单绳拉力	kg	15000
行走速度	km/h	1.1
接地比压	MPa	0.11
爬坡能力	%	15
发动机功率	kW	242
主机重量	kg	25000
主机尺寸（长×宽×高）	mm	9280×3240×3480

（2）主要技术特点

发动机：进口康明斯发动机；

额定功率/转速：242kW/2200rpm；

最大扭矩/转速：1250N·m/1400rpm；

排放标准：国Ⅲ；

提升装置：动力元件采用油缸提升。

单倍率多绳连接方式高效可靠，吊钩上不设置滑轮组。通过 4 根钢丝绳直接连接吊钩上的平衡装置，提升速度快。提升装置系统框架结构为合体式结构，便于加工，维修内部结构时可以拆开，底座上设置定滑轮装置，顶块上设置动滑轮组，通过顶升油缸伸缩实现顶块的上下运动，框架设置监测传感器，通过控制程序可以实现顶块上升、下降自动减速，减小顶块对框架的冲击，可实现零冲击。

低温冷启动装置：可适应不同工作环境，即在低温环境下，控制器启动预热程序，对进气口预热，实现发动机的正常启动。

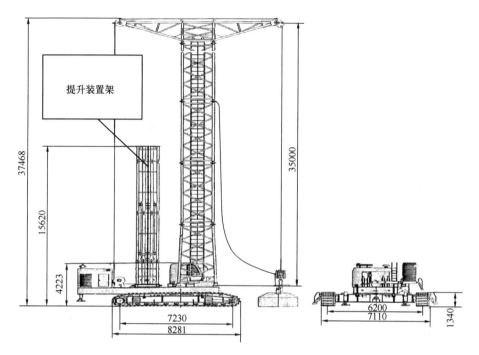

图 4-4 XGH1000 整机基本尺寸

遥控控制系统：设置有远程操控系统，操作者不必在控制室里进行操作作业，提高了安全性，更加人性化。

整机结构形式及尺寸见图 4-4 为非对称式履带架结构。根据强夯机工作特点，采用非对称式履带架结构，有效提高整机突然卸载时的稳定性。

旋转式车架支腿：运输时免拆卸支腿，便于工作和运输。

二、脱钩器

脱钩器带有自动脱钩装置，脱钩装置目前有钢丝绳牵引式、电磁式、气动式等形式，气动式均需配置相应的控制装置，故目前并不多用，应用最多的还是钢丝绳牵引式。脱钩器的设计首先应保证强度和耐久性，结构形式应轻便、灵活，易于操控。

三、夯锤

强夯法夯锤宜采用圆形铸钢锤，锤底直径宜为 2.0～3.0m，重心应在中垂线上，夯锤底面积宜按土的性质确定，锤底接地压力可取 25～40kPa，高能级强夯夯锤底接地压力可增至 80kPa，超高能级强夯的锤底接地压力可增加至 100kPa 以上。强夯夯锤应按底面积大小均匀设置 4～6 个直径 250～500mm 上下贯通的排气孔。

夯锤的质量应有明显的永久标志，夯锤出厂证上应注明夯锤的几何尺寸，包括顶面直径、底面直径、锤的高度。锤的高度应为锤柱体顶面交线与底面交线的距离。当夯锤磨损严重时，锤的质量应予折减。

第二节 施 工 准 备

一、技术准备

(一) 施工前应具备下列技术资料

1. 强夯地基处理设计文件及图纸会审记录；

2. 主要施工机具及配备设备的技术性能资料；

3. 强夯试验的有关资料，当地有关强夯施工的经验资料。

(二) 施工前应完成的技术工作

1. 地基处理施工组织设计

2. 对黏性土地基、湿陷性黄土地基，必要时测定地基处理深度内的含水量。

3. 对填土地基详细了解填土的成分、构成、级配和土石比等。

4. 做必要的填土的击实试验、碎石土的颗粒分析、固体体积率试验。确定粗颗粒填土的级配和粒径控制以及细颗粒土的最大干密度和最佳含水量，为填土的夯实提供质量控制标准。

5. 对山区地基应了解地下径流、泉水和裂隙水的出露情况并做好记录，标出坐标位置。

6. 设置测量控制网，建立现场坐标平面控制点和高程控制点；

7. 施工前应对进入施工现场的设备进行性能认定，并对夯锤质量、尺寸进行核对和确认，对控制落距的牵引钢丝绳进行长度标定，做出标记；

8. 强夯施工侧向挤压、水平变形对人工边坡、海堤、挡墙等构筑物产生的影响应通过现场强夯试夯施工、深层水平位移测试确定安全距离，制定监测计划。

9. 制定隔振、防振和环境保护措施。

二、场地准备

1. 施工区的范围应在强夯处理范围的基础上再增加向外扩展的用于施工设备支撑、转移、回转的所需宽度。这个宽度一般为边排夯坑边缘向外扩出 2m；

2. 施工前，必须查明施工区及施工影响范围内需保护的建（构）筑物、地下设施、挡土墙、地下管线等的位置及标高，并采取必要的保护措施；

3. 施工范围确定后，应清除场地耕植土、污染土、有机物质、树林和拆除旧建筑物的基础等，有积水的洼地应进行排水、清淤；

4. 整平场地至起夯面的标高，整平后的施工场地平整度、密实度、坡度应能满足承受施工机械的重量，满足施工设备运输、行走、运转的稳定性、安全性；

5. 高水位地基强夯时，地下水位以上必须保持一定的覆盖层厚度，此厚度应大于预估夯坑最大深度＋0.5m，当不满足这一条件时，应铺填一定厚度的填料或采取降水措施；

6. 施工现场应根据周围环境需要设置截水和排水系统。

第三节 施 工 要 点

一、试夯或试验性施工

强夯施工前，应根据初步确定的强夯工艺和参数，在施工现场选择有代表性的位置确定一个或几个试验区进行试夯或试验性施工，并通过测试检测试夯效果，对施工参数和工艺进行调整和确定。

二、点夯施工程序

1. 根据夯后的地面整平设计标高和预估的地面平均夯沉量确定的起夯面标高清理并整平施工现场，并用 20m×20m 方格网测量场地高程；

2. 标出第一遍夯点位置，测量夯点地面高程；

3. 夯机就位，起吊吊钩至设计落距高度，将吊钩牵引钢丝绳长度固定在臂杆上，锁定落距；

4. 将夯锤平稳提起，置于夯点位置，测量夯前锤顶高程；

5. 起吊夯锤至预定高度，夯锤自动脱钩下落夯击夯点；

6. 测量锤顶高程，记录夯坑下沉量；

7. 重复步骤 5、6，按设计的夯击次数和控制标准，完成一个夯点的夯击；

8. 夯锤移位到下个夯点，重复步骤 4～6，完成第一遍全部夯点的夯击；

9. 用推土机将夯坑整平（填方场地时，可用填料将夯坑填平），用 20m×20m 方格网测量场地高程，计算本遍场地夯沉量；

10. 在规定的间歇时间后，按以上步骤完成各遍夯击。

三、满夯施工方法

满夯施工应注意以下两点：

（1）满夯施工锤印搭接 1/4 锤径有两方面的意义：一是直接观察就可以确保满夯的质量，避免了漏点漏夯；二是夯印搭接也不宜大于 1/4 锤径，否则搭接范围增大会导致夯锤落地不稳，产生夯锤落点偏移，加固效果反而不好。

（2）在施工前，应放出满夯施工基准线，作为施工控制线，基准线的排与排宽度为 3/4 锤径。

满夯施工可根据场地情况采用以下两种方法进行：

1. 隔排分两遍进行，施工程序如下：

（1）平整场地；

（2）用方格网测量场地高程，放出一遍满夯基准线；

（3）起重机就位，将夯锤置于基准线边；

（4）按照夯印搭接 1/4 锤径的原则逐点夯击，完成规定的夯击次数；

（5）逐排夯击，完成一遍满夯；

（6）整平场地，用方格网测量场地高程；

（7）放出二遍满夯基准线；

（8）按以上步骤完成第二遍满夯；

（9）平整场地；

（10）满夯整平后的场地应用压路机将地表虚土碾压密实，并用方格网测量场地高程。

2. 不隔排分两遍进行：施工程序基本同上，只是将满夯夯击次数分两遍完成，但每遍夯击时逐排完成。

四、降水联合低能级强夯施工方法

1. 平整场地，安装设置排水系统封堵系统并预埋孔隙水压力计和水位观测管，进行第一遍降水；

2. 检测地下水位变化，当达到设计水位并稳定至少两天后，拆除厂区内的降水设备，保留封堵系统，然后按布点位置进行第一遍强夯；

3. 一遍强夯后，即可再次插设降水管，安装降水设备，并进行第二遍降水；

4. 按照设计参数进行第二遍强夯施工；

5. 重复步骤 3、4，直至达到设计的强夯遍数；

6. 全部夯击结束后，进行推平和碾压。

五、季节性施工措施

（一）雨季施工措施

1. 施工与竣工后的场地均应设置良好的排水系统，防止场地被雨水浸泡。在夯区周围根据地形情况开挖截水沟或构筑围堰，保证外围水不流入夯区内。在夯区内，规划排水沟或集水井，夯坑内有积水可采用小水泵或软管及时将水抽排到区域外；

2. 当天夯完的夯坑应及时回填，并整平压实；

3. 当遇暴雨夯坑积水时，必须将积水排除后，挖净坑底的淤土，使其晾干或填入干土后方可继续夯击；

4. 在气候潮湿多雨的地区、易软化、泥化岩块填方地基应及时回填，及时强夯，不宜久置和长期受雨水浸泡，受水浸泡后的泥岩、页岩等填土地基，表面湿层在强夯时应用推土机刮去。

（二）冬季施工措施

1. 强夯冬季措施应根据所在地面的气温、冻土深度和施工设备性能及施工效益综合确定；

2. 当最低温度在－15℃以上，冻深在80cm以内时可进行点夯施工，不可进行满夯施工，但点夯的能级与夯击次数应适当增加。气温低于－15℃时，应停止强夯作业；

3. 冬季点夯处理的地基，应在解冻后进行满夯，并考虑冻土层夯入地层中增加的深度，适当提高满夯的能级；

4. 强夯施工完成的地基如跨年度长期不能进行基础施工，在冬季来临时应填土覆盖进行保护，避免地基受冻害，覆盖层厚度应大于或等于当地标准冻深；如无条件采取覆盖保护措施，在进行基础施工前，应重新进行满夯。

六、施工质量控制与监测

（一）施工质量偏差控制

1. 夯点测量定位允许偏差±50mm；

2. 夯锤就位允许偏差±150mm；

3. 满夯后场地整平平整度允许偏差±100mm。

（二）施工过程中的质量检验和监测工作

施工过程中的检测项目应按表4-5的规定执行。

施工质量监测和检测项目　　　　　　　　　表 4-5

序号	检查项目	允许偏差或允许值	检测方法
1	夯锤落距（mm）	±300	钢尺量、钢索设标志
2	锤重（kg）	±100	称重
3	夯击遍数及顺序	按设计要求	计数法
4	夯点间距（mm）	±500	钢尺量
5	夯击范围（超出基础宽度）	按设计要求	钢尺量

续表

序号	检查项目	允许偏差或允许值	检测方法
6	间歇时间	按设计要求	计数法
7	夯击次数	按设计要求	计数法
8	最后两击夯沉量平均值	按设计要求	水准法

第五章　质　量　检　测

第一节　强夯法地基处理质量检测和验收项目和标准

强夯法地基竣工验收质量检测项目，检验标准应符合表 5-1 的规定，包括主控项目和一般项目。

强夯地基竣工验收质量检验标准

表 5-1

项目	序号	检查项目	允许偏差或允许值	检测方法
主控项目	1	地基强度（或压实度）	按设计要求	按规定方法
	2	压缩模量	按设计要求	按规定方法
	3	地基承载力	按设计要求	按规定方法
	4	有效加固深度（m）	按设计要求	按规定方法
一般项目	1	夯锤落距（mm）	±300（mm）	钢索设标志
	2	锤重（kg）	±100	称重
	3	夯击遍数及顺序	按设计要求	计数法
	4	夯点间距（mm）	±500	钢尺量
	5	夯击范围（超出基础宽度）	按设计要求	钢尺量
	6	前后两遍间歇时间	按设计要求	

注：主控项目应按照地基处理的设计要求和不同行业的质量验收标准确定。

第二节　地基竣工验收及检测要求

一、地基竣工验收及承载力检验时间

强夯法处理后的地基竣工验收及承载力检验应在施工结束后一定时间进行，对碎石土和砂土地基，其间隔时间可取 7～14d；粉土、黏性土地基，间隔时间可取 14～28d。

二、检测项目和检测方法

强夯法地基竣工验收时，检测项目按不同行业的设计要求和相关验评标准，

采用两种以上的原位测试方法。

1. 强夯地基承载力检验应采用地基载荷试验和室内土工试验或其他原位测试方法综合确定。地基强度指标准贯入试验、动力触探、十字板剪切、旁压试验等原位检测取得的力学强度指标以及土工试验取得的 c、φ 值。通过这些试验指标可以间接地确定和计算地基承载力，地基载荷试验承压板面积不宜小于 $2m^2$。

2. 湿陷性黄土地基应采用探井或薄壁取土器取原状土样，土工分析检测提供地基承载力、地基强度、压缩模量、密实度和湿陷系数等指标，评价黄土的湿陷性和地基有效加固深度。

3. 对一般黏性土等细粒土地基，应采用钻机取样，土工分析或静力触探、标准贯入试验等原位测试方法，提供地基承载力、地基强度、压缩性等指标并评价强夯有效加固深度。

4. 对砂土、粉土等可液化地基，应采用标准贯入试验、黏粒含量测定，评价液化消除深度，提供地基承载力、地基强度、压缩性等指标。

5. 对碎石土、砂石地基、杂填土地基，应采用重型动力触探或超重型动力触探评价地基有效加固深度，提供地基强度、地基承载力、压缩性等指标。

6. 对分层夯实的填土地基当采用压实度指标控制质量时，对细粒土可采用环刀法，对粗粒土可采用灌砂法、灌水法进行密实度检测。对于石方填筑料、碎屑岩风化土料可采用固体体积率进行检测，评价地基的均匀性和密实度。

三、竣工验收承载力检验的数量

强夯地基竣工验收的质量检验数量应按不同的行业要求，执行国家现行有关质量验收与评定的标准。竣工验收承载力检验的数量，应根据场地复杂程度和工程的重要性确定。对于简单场地上的一般建筑物，每个建筑物地基的载荷试验检测点不应少于 3 点，对于复杂场地或重要建筑地基应增加检验点数。

四、强夯检测位置

强夯地基检测位置宜选在夯后整平面下 0.5～0.8m 进行。

第六章　强夯施工技术发展展望

第一节　强夯加固地基机理研究的方向

强夯施工技术虽然在我国得到了广泛的应用，取得了巨大的经济和社会效益，但其作用仍限于地基的一般性处理，满足一般的设计要求。对于荷载大、变形控制要求严格的工程，设计上一般仍然采用安全度大的桩基。20 世纪 80 年代末、90 年代初强夯后的湿陷性黄土地基曾直接作为 300MW 发电机组的地基和主要工业厂房地基应用，如河南三门峡电厂、山西河津电厂、山西阳城电厂、山西化肥厂等工程中应用，说明强夯法处理的地基特别是粗颗粒土和低饱和度细粒土地基在一定程度上是可以替代桩基础。之后，由于强夯施工机理研究得不够，施工技术参数设计缺乏严谨的理论基础，施工缺少有效的监管及施工市场的不规范，优势略显不足。今后强夯施工技术的研究应重点关注以下几个方面：

一、强夯加固效果与地基土性质指标之间的关系

目前为止，土性指标与强夯加固效果的研究还很不够，只有深入了解土性指标与加固效果之间的关系，强夯的设计才能更有针对性。

（一）工程实例：太原引黄工程呼延水厂土性指标与强夯加固效果比较。

工程概况：黄河水源太原市给水工程呼延净水厂清水池为甲类建筑，占地面积约 157.0m×68.0m，高约 6.3m，阀板基础。

地质概况：场地类型以自重湿陷性为主，局部为非自重，场地湿陷性等级以Ⅱ～Ⅲ级为主。

地基土均系第四系山麓冲洪积物，岩性主要为黄土状粉土、粉质黏土及碎石土，地基湿陷土层厚度 16m。

地基处理主要目的是消除地基湿陷性，强夯有效加固深度以消除地基湿陷性深度为标准。

地基处理方案见表 6-1。与强夯效果有关的地基土物理指标见表 6-2，地基处理有效加固深度与地基土物理指标的相关分析见表 6-3。

由以上比较可以看出，强夯法在处理非饱和细粒土，当天然含水量小于等于塑限，非饱和状态前提下，强夯的有效加固深度随着含水量、液性指数和饱和度的增大而增大。

项目名称	能级 (kN·m)	夯点布置	夯击遍数	单点夯击数 （击）	质量控 制标准	主要施 工设备
主夯	8000	正三角形布置主夯 点间距6.0m	隔行二遍	≥20	最后两击夯 沉量平均值 ≤50mm	杭州产50t 履带吊龙门 架夯机
主夯点复夯	4000		一遍	≥10		
满夯	2000	夯印搭接1/4锤径		≥6		

强夯施工工艺及主要技术参数 表6-1

地基土与强夯加固效果有关的物理指标（平均值） 表6-2

指标	含水量 w			塑限 w_p			塑性指数 I_P			液性指数 I_L			饱和度 S_r		
探井编号	3号	8号	18号	3号	8号	18号	3号	8号	18号	3号	8号	18号	3号	8号	18号
平均值	15.8	14.7	13.0	15.9	16.2	15.9	10.5	10.8	9.6	0.02	0.15	0.30	60.28	58.0	52.9

地基处理有效加固深度 表6-3

探井编号	3号	8号	18号
消除湿陷性深度（m）	12	10.5	9.5
含水量（平均值）比较	3号（15.8）＞8号（14.7）＞18号（13.0）		
液性指数比较	3号（-0.02）＞8号（-0.15）＞18号（-0.30）		
饱和度（平均值）比较	3号（60.28）＞8号（58.0）＞18号（52.9）		

（二）不同类型填土地基与强夯有效加固深度的关系

这方面需要研究以下几种情况：

1. 不同土石比与强夯加固效果的关系；

2. 不同类型填土与强夯加固效果的关系。例如：土夹石、砂夹石与强夯加固效果的关系及其适用条件；

3. 膨胀性岩土与强夯加固效果的关系；

4. 砂岩、泥岩、页岩等不同类型沉积岩与强夯加固效果的关系；

5. 地基土含水量、塑限指数、液性指数与强夯加固后压缩性指标之间的关系。

二、单位夯击能与强夯加固效果之间的关系

在强夯推广的初期，张永钧、史美筠等就提出了单位夯击能的概念。单位夯击能意义为单位面积上所施加的总夯击能。单位夯击能的大小与地基土的类别有关。在相同条件下，细颗粒土的单位夯击能要比粗颗粒土适当大些。此外，结构类型、荷载大小和要求处理的深度也是选择单位夯击能的重要因素。在施工参数设计上，单位夯击能和夯点间距有关。但目前的强夯设计中，单位夯击能基本被忽略，强夯的夯击能只和夯击次数和最后两击夯沉量有关。这就导致了强夯设计

的片面性。这也是目前我国强夯有关规范相关规定的不足。实际上，单位夯击能过小，难以达到预期效果。单位夯击能过大，浪费能源，对饱和度较高的黏性土来说，强度反而会降低。

日本土谷尚根据日本现有实例，提出了单位夯击能为：砂石和砂砾 $2000\sim4000kN\cdot m/m^2$，砂质土 $1000\sim3000kN\cdot m/m^2$，黏性土 $5000kN\cdot m/m^2$ 左右，泥炭 $3000\sim5000kN\cdot m/m^2$，垃圾土 $2000\sim4000kN\cdot m/m^2$。根据目前我国工程实践，在一般情况下，粗颗粒土单位夯击能可取 $1000\sim3000kN\cdot m/m^2$，细颗粒土为 $1500\sim4000kN\cdot m/m^2$。

但以上的标准划分，仍然偏于粗糙，特别是超高能级强夯的出现，在确定单位夯击能时，还应和强夯加固深度、土的一些物理力学指标挂钩。同时，应考虑不同能级组合的单位夯击能分配，以及与夯点间距、夯击次数、最后两击夯沉量平均值的优化组合。

表 6-4 是根据表中提供的施工参数所计算的不同强夯能级单位夯击能。

不同强夯能级强夯处理填方地基施工参数　　　　　表 6-4

强夯能级 （kN·m）	夯击 方法	能级	夯点间距、 布点形式	夯击次数	单位夯击能 （kN·m·m⁻²）	单位总夯击能 （kN·m·m⁻²）
3000	点夯	3000	4.5m 正三角形	10	1714	2835
	满夯	1500	夯印搭接 1/4 锤径	3	1125	
4000	点夯	4000	5.0m 正三角形	12	2222	3722
	满夯	1500	夯印搭接 1/4 锤径	4	1500	
6000	点夯	6000	6.0m 正三角形	15	2884	5461
	复夯	3000	6.0m 正三角形	6	577	
	满夯	2000	夯印搭接 1/4 锤径	4	2000	
8000	点夯	8000	6.0m 正三角形	18	3846	6615
	复夯	4000	6.0m 正三角形	6	769	
	满夯	2000	夯印搭接 1/4 锤径	4	2000	
10000	点夯	10000	6.5m 正三角形	15	4918	7737
	复夯	5000	6.5m 正三角形	6	819	
	满夯	2000	夯印搭接 1/4 锤径	4	2000	
12000	点夯	12000	7.0m 正三角形	18	5094	8442
	复夯	6000	7.0m 正三角形	6	849	
	满夯	2500	夯印搭接 1/4 锤径	4	2500	

注：本表计算模式：假定每个夯点上为 1 个复夯点；1 个满夯点处理面积为 $4m^2$。

实际施工时，单位面积上的满夯点要多于主夯点；当采用主夯＋副夯＋满夯模式时，单位面积上的副夯点也多于主夯点。

三、强夯法与分层碾压法单位压实功

填方地基的压实质量以压实系数 λ_c 控制，λ_c 为压实填土的控制干密度与填土最大干密度的比值，而压实填土的最大干密度和最佳含水量由击实试验确定。土的最佳含水量和最大干密度随压实功变化而不同。轻型击实试验的最佳含水量接近塑限，而重型击实试验的最佳含水量小于塑限。轻型击实试验标准的击实功相当于 $6\sim8t$ 压路机的碾压效果。重型击实试验的击实功相当于 $12\sim15t$ 压路机的碾压效果，轻型和重型击实试验单位击实功的试验参数与击实功比较如表 6-5 所示。

轻型和重型击实试验参数与单位击实功的比较　　　　表 6-5

击实试验类型		锤质量（kg）	锤击面直径（cm）	落距（cm）	试筒尺寸			锤击层数	每层锤击数	单位击实功（N·m·cm⁻³）	容许最大粒径（圆孔筛）（mm）
					内径（cm）	高（cm）	容积（cm³）				
重型	甲	4.50	5.00	45.00	10.0	12.7	997	5	27	2.740	25（19）
	乙	4.50	5.00	45.00	15.2	12.0	2177	5	58	2.740	25（19）
	丙	4.50	5.00	45.00	15.2	12.0	2177	3	98	2.730	40（31.5）
轻型	葡式	2.51	5.08	30.48	10.12	11.65	943.3	3	25	0.604	
	AAJH 0T-99	2.51	5.08	30.48	15.24	15.24	2124	3	56	0.605	
	BS-13 77	2.50	5.00	30.00	10.5	10.5	1000	3	27	0.608	

强夯的夯击模型非常接近于击实试验，二者在夯击的过程中都有侧限，区别在于击实试验是刚性侧限，强夯是柔性侧限。

已有工程实践表明，如果填方地基的最大干密度以重型击实试验确定，强夯后的高填方地基夯点的压实度要高于分层碾压的压实度 $1\sim2$ 个百分点，甚至压实度达到1以上。这说明，强夯的单位击实功要大于重型击实试验。表 6-6 是根据表 6-4 施工技术参数计算的不同强夯能级单位击实功。

不同强夯能级单位击实功（填土）　　　　表 6-6

强夯能级（kN·m）	处理厚度（m）	单位面积土体积（cm³）	单位击实功（N·m/cm³）
3000	4.0	4000000	1.725
4000	6.0	6000000	1.8
6000	8.0	8000000	2.9

强夯能级（kN·m）	处理厚度（m）	单位面积土体积（cm³）	单位击实功（N·m/cm³）
8000	9.0	9000000	4.04
10000	10.0	10000000	4.36
12000	11.0	11000000	4.76

注：本表单位击实功根据表6-4施工参数，由1个主夯点＋1个复夯点＋1个满夯点的总夯击能除以（5m²×处理深度）体积 m³计算确定。

表6-7是根据表6-6计算的单位击实功与击实试验单位击实功的比较倍率。

不同强夯能级与击实试验单位击实功的比较　　　　　　　　表6-7

击实试验		强夯		倍率
类型	平均单位击实功（J/cm³）	能级（kN·m）	单位击实功（N·m/cm³）	
轻型 葡式	0.604	3000	1.725	2.83～2.86
		4000	1.8	2.96～2.98
AAJHOT-99	0.605	6000	2.9	4.77～4.80
		8000	4.04	6.45～6.69
BS-1377	0.608	10000	4.36	7.17～7.22
		12000	4.76	7.83～7.88
重型 甲	2.74	3000	1.725	0.629～0.632
		4000	1.8	0.657～0.659
乙	2.74	6000	2.9	1.059～1.062
		8000	4.04	1.474～1.479
丙	2.73	10000	4.36	1.591～1.597
		12000	4.76	1.737～1.744

从上表可以看出，强夯的单位击实功是轻型击实试验的数倍以上，而强夯从6000kN·m能级以上，单位击实功是重型击实试验的1～1.7倍，这仅仅是试验模型比较；如果从施工模型看，强夯与击实的模型接近，通过参数设计即可达到要求的击实功。而分层碾压的施工模型与击实试验模型相差甚远，其施工时的单位击实功靠碾压遍数来实现，再通过检测来确定。

工程经验已经表明，强夯后的夯点干密度、压实系数可以大于1以上，单位击实功越高夯点压实系数大于1的出现几率越大。

这说明，通过提高强夯能级或增加夯击数可大大提高单位击实功，还可以增加单位夯击能；而缩小夯距，又进一步增加单位夯击能。对于以动力压实为原理的强夯法具有很大的潜能，对于处理某些特殊类型的地基具有较大的应用价值。

第二节 强夯施工技术与其他处理方法的综合应用

当前，由于我国建筑用地的紧张，优良建筑地基资源的枯竭。建筑工程地质条件逐渐恶化，地基处理难度越来远大。单一地基处理方法已很难达到地基处理的设计和使用要求。地基处理向着复合型、综合性的处理方向发展。强夯施工技术也在向着超高能级综合性应用的方向发展。

一、强夯与强夯置换兼容施工技术的应用

我国沿海地区，在浅海采用人工回填或吹填形成陆域地基。填海深度已由最初的数米深度发展到目前近 25m。这种填海地基，一般在海底的沉积层上还存在一层海相淤积层。海底的沉积层松散需要加固，而海相淤积层则需要置换处理，这就对填海地基的处理提出了较高的要求。

锦州港油品罐区就位于人工吹填形成的陆域地基上，其上部吹填土为细—中细砂、粉土为主。

吹填土下部为淤泥质土与粉土互层，为软弱层，承载力在 70～100kPa，层底埋深在 7～8m 左右，再下部为原海底海相沉积层，承载力在 120kPa，层底埋深为 16m。根据填海处理深度的不同，该项目采用 12000～15000kN·m 处理。

经强夯试验检测证明：12000kN·m 置换深度为 7.4m，加固深度为 11～12m，15000kN·m 置换深度为 7.7m，加固深度为 17～18m。

以上这种强夯处理方法施工关键是：在施工工艺上，按强夯置换工艺进行，质量控制标准首先应满足《建筑地基处理技术规范》强夯置换法的规定；同时，由于超高能级的影响深度大，使置换层以下的松散沉积层也得到了加固。

二、超高能级处理低含水量湿陷性黄土

湿陷性黄土是我国一种主要的分布较广泛的区域性岩土，湿陷性黄土地基遇水浸湿后在自重压力或附加压力下产生湿陷变形，对上部建筑物产生破坏，轻则使房屋产生裂痕、不均匀沉降破坏，严重则造成建筑物倒塌，是一种严重的不良地质现象。

低含水量湿陷性黄土是指天然含水量较低，含水量一般在 5%～8%，湿陷性强烈、湿陷等级高的湿陷性黄土。

由于我国各地黄土堆积环境、气候条件的不同，致使其在堆积厚度、土的物理力学性质等方面都有明显的差别，尤其在干旱、少雨的中西部地区，低含水量湿陷性黄土分布广泛。

低含水量湿陷性黄土主要分布于下列地区：

①陇西地区高阶地地带，湿陷性土层厚度 10～20m；

②陇东、陕北、晋西地区，湿陷性土层厚度 10～15m；

③北部边缘地区晋陕宁区域，湿陷性土层厚度 1～4m；

此外，在山西汾河流域高阶地局部地区也有分布。

（一）低含水量湿陷性黄土处理难度大的主要原因

我国西北地区气候干旱缺水，湿陷性黄土分布广泛，天然含水量极低（一般在 8%～5% 之间）湿陷性强烈，湿陷等级高，地基处理难度极大。低含水量湿陷性黄土处理难度大的原因有以下几点：

1. 由于黄土富含碳酸钙盐胶体，当含水量降低时，土粒由于胶体黏结的结构强度增大，地基加固所需要的能量也增大。

2. 随着含水量的降低，土的液性指数也逐渐降低，当天然含水量小于塑限后。液性指数变为负值，特别是对于粉质黏土湿陷性黄土地基。随着绝对值的增加，土的坚硬程度也越来越大。地基处理所消耗的能量也越来越大。

一般意义上的强夯法应用于湿陷性黄土地基，含水量应不低于 10%，若低于 10%，即应增湿；当含水量在 8%～5% 之间的，则必须增湿。对于需要增湿的强夯工程，造价将会提高 50%～100% 以上。同时，由于西北地区严重缺水，增湿的方法只能在水源丰富的地区应用，而在水源紧缺的地方则难以应用。

在强夯法出现以前，湿陷性黄土地基的处理主要采用挤密桩法、灰土换填法、浸水法，在强夯法出现以后，湿陷性黄土的处理越来越多地采用强夯法。

强夯法加固湿陷性黄土的加固机理是基于动力密实的原理，即用冲击型的动力荷载，使土中的孔隙体减小，土体变得密实，从而提高地基土的强度。除特殊情况外，湿陷性黄土是一种非饱和土。工程实践表明：强夯法用于湿陷性黄土的处理，绝大多数取得了良好的效果。但同时也发现，随着含水量的降低，强夯处理湿陷性黄土效果越来越差。其表现是：在同等能级下，随着含水量的降低，湿陷性消除深度越来越小，这种现象在我国西北地区尤为突出。

随着 10000kN·m 以上超高能级强夯施工方法的出现，低含水量湿陷性黄土的处理出现了新的机遇。

（二）超高能级强夯处理低含水量湿陷性黄土的原理

工程上用干密度作为夯实的质量检验指标，对湿陷性黄土而言，干密度越大，湿陷性消除的效果越好。夯击功能是影响击实效果的重要因素。击实功能越大，得到的干密度越大，而相应的最优含水量越小。所以最大干密度和最优含水量都不是一个常数，而是随击实功而变化。

1. 击实功对最大干密度和最佳含水量的影响

在室内进行击实试验时，它随所用的击实功而变。在工地压实时，当采用碾压时，它随所用压路机的重量或功能及碾压遍数而变，当采用强夯时，它随所采

97

用的强夯能级、夯点间距和夯击数而变。

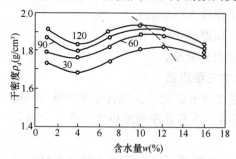

图 6-1　击实功对最佳含水量和最大干
密度的影响

注：虚线指最佳含水量

我国公路工程专家沙庆林对击实功对最大干密度和最优含水量的影响做过深入的研究：

（1）锤的重量不变，锤击次数改变，对最优含水量和最大干密度的影响

图 6-1 是锤的质量不变化，锤击次数改变，击实功对最佳含水量和最大密度的影响。最下面一条曲线是锤击 30 次而得出的，它的最佳含水量是 12.2％，最大干密度是 1.82g/cm³。锤击 60 次时，最佳含水量降到 11％，而最大干密度上升到 1.88g/cm³。最上面的一条曲线是锤击 120 次得到的，它的最佳含水量降到 10％，而最大干密度上升到 1.93g/cm³。

（2）锤击数不变增加锤的质量击实功对最佳含水量和最大干密度的影响（图 6-2）

在击数不变的情况下，当锤的质量由 2.5kg 增加到 10kg 时，土的最佳含水量由 14％下降到 11.5％，土的最大干密度由 1.87g/cm³ 上升到 2.07g/cm³。

2. 不同击实功下含水量与干密度的关系曲线

图 6-3 是在不同击实功下，某一粉土最佳含水量和最大干密度关系曲线。由图 6-3 的曲线列成表 6-8。

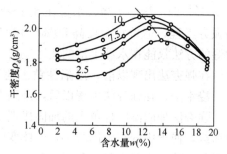

图 6-2　击实功对最佳含水量和
最大干密度的影响

注：虚线指最佳含水量，图上曲线旁的数字为锤的质量（单位：kg）

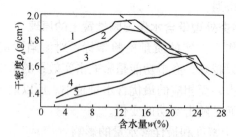

图 6-3　击实功对最佳含水量和最大干密度的影响

1—单位击实功 3.70J；2—单位击实功 3.14J；3—单位击实功 0.42J；
4—单位击实功 0.08J；5—单位击实功 0.06J

随击实功能而变的最佳含水量和最大干密度　　　表 6-8

最佳含水量 （％）	最大干密度 （g/cm³）	单位击实功 （N·m/cm³）	干密度每增加 0.01g/cm³ 所消耗的 击实功（N·m/cm³）
23.6	1.64	0.056	
19.3	1.66	0.084	0.0142
17.6	1.80	0.42	0.0228
12.4	1.89	3.14	0.1233
11.1	1.93	3.70	0.1256

根据以上分析，可以得出以下两点结论：

（1）功能是影响压实效果的重要因素，夯击功能越大，得到的干密度越大，而相应的最优含水量越小。

（2）由本章表 6-7 可知：强夯能级在 10000kN·m 以上时，强夯的单位击实功是重型击实试验单位击实功的 1.5 倍以上；如果将夯击次数增加，强夯的单位击实功还可得到进一步的提高；如果将夯点间距缩小，土体所获得的单位夯击能更大。

由此说明，超高能级强夯用于低含水量湿陷性黄土的处理是可行的。

三、强夯与其他地基处理技术的联合应用

在强夯处理地基的工程实践中，工程技术人员已经认识到有些场地单纯采用强夯效果不明显。例如在高水位场地，如果先降低水位再强夯效果会更好；而对于低含水量湿陷性黄土，对地基增湿后强夯才能达到设计的有效加固深度，反之也一样。如果再采取其他方法处理地基，会增强地基处理的效果。因此，强夯与其他地基处理方法的联合应用是地基处理技术发展与创新的方向，有着很大的发展空间。

（一）碎石桩＋强夯

振冲碎石桩与沉管砂石桩处理后的地基承载力不高，尤其是黏性土中采用碎石桩；而在表层，由于桩体松散，效果更差。

因此，《建筑地基处理技术规范》JGJ 79—2012 第 7.2.3 条第 5 款规定：桩体施工完毕后，应将顶部预留的松散桩体挖除，铺设垫层并压实。对沉管砂石桩也有同样的规定。

我国某些地区，振冲桩施工完成后，还要进行扫桩，相当于强夯中的满夯，就是为了增强振冲碎石桩顶的强度。

由于碎石桩处理后的地基，等于在地基中增加了排水通道。如果在施工前先将桩顶设计标高再降低一些，施工后再在桩顶铺设一层较厚的砂石垫层。采用低

能级强夯处理，地基持力层的承载力可提升 0.5 倍以上。

(二) 强夯十冲击碾

在较宽阔的大面积施工场地，采用冲击碾取代满夯，可处理 1.5m 厚的松散层，不但施工速度快、质量好，造价还低。

(三) 石灰桩十强夯

在含水量较高的黏性土地基中，在地基中钻孔，回填石灰块降低场地含水量后再强夯，会取得满意的强夯效果。

(四) 浸水十强夯

在盐渍土地基中，通过浸水将场地含盐量降低，然后再进行强夯加固。

第七章　工　程　实　例

第一节　超高能级强夯法处理低含水量湿陷性
黄土地基的应用

一、工程试验

宁夏某煤化工工程位于宁夏东北部鄂尔多斯台地及毛乌素沙漠的南缘，属中温带干旱区，具有典型的大陆性气候特点，气候干燥年降水量少而集中，蒸发强烈。

（一）工程地质概况（地基处理主要为以下两层）

1. 地基土的构成

① 层素填土：为原地貌低洼地段，在场地平整时堆积碾压而成，主要由粉土、卵石及粗粒砂组成，成分密实度差别大、均匀性差，分布普遍厚度为 0.50～7.90m。

② 层黄土状粉土：褐黄色，稍湿，稍密—中密，含少量石膏等盐类结晶物，夹有厚度为 10～40cm 的碎石土薄层，该层整个场地均匀分布，厚度 1.60～9.10m，层底埋深 3.40～13.00m。

②₁ 夹层：卵石，灰褐、红褐色，中密状态，母岩成分主要为石英砂岩，卵石普通粒径 20～50mm，局部夹漂石，厚度 0.70～2.50m，层底埋深 5.5～8.30m。

②₂ 夹层：中砂，褐黄色，主要矿物为石英、长石、云母，黏性土含量小于 5%，中密状态，层厚 0.50～2.60m，层底埋深 1.00～6.00m。

再往下土层与地基处理的关系不大，略述。

2. 场地土层的湿陷性

（1）①层素填土回填有两种情况：一部分地段回填时间 5 年左右，故在勘探中被揭露，其湿陷性在湿陷性评价中得到反映；另一部分地段为勘察在场地回填整平前进行，故回填土层的湿陷性未能查明，在湿陷性评价中未得到反映。因回填土多取材于地表的湿陷土层，这部分的湿陷性必须予以考虑。

② 层土层具有湿陷性，③层黄土状粉土不具备湿陷性。场地湿陷深度一般在 4～8m，最大深度 10～14.5m，为少数局部区域。

（2）本场地地基处理的难点在于：①层土层松散、含水量低，仅为 5％左右；②层含水量不超过 8％，采用常规能级强夯，必须先注水增湿。

（3）由于一些地段②层中含有②$_1$、②$_2$夹层，在这些地段中打注水孔无法施工，也不能采用注水增湿；同时由于②$_1$、②$_2$土层为粗颗粒土，反而适宜于采用强夯。

（二）强夯试验方案

根据当地以往工程经验，由于地基土含水量太低，如果按照现行《湿陷性黄土地区建筑规范》GB 50025—2004 表 6.3.6 选用强夯能级达不到设计要求的处理深度。山西机械化建设集团公司根据多年工程经验建议：提高强夯能级水平，采用超高能级进行处理（这里的超高能级有广义上的含义，指超一般常规处理的应用能级），并负责编制了强夯试验方案，并由山西机械化建设集团公司、陕西中机岩土工程有限公司进行了强夯试验。

1. 试验能级的确定

根据地质资料提供的需要加固深度，以消除①层素填土和②层黄土状粉土的湿陷为标准，确定强夯加固能级。强夯试验根据不同处理深度、采用的强夯能级见表 7-1。

不同处理深度采用强夯能级表　　　　　　　表 7-1

土质	加固深度 (m)	单击夯击能 (kN・m)		
		一次夯	二次夯	满夯
粉土、黏性土、湿陷性黄土等细颗粒土	4～6	4000	—	1500
	6～8	6000	3000	1500
	8～9	8000	3000	1500
	9～10	10000	4000	2000
	10～12	12000	5000	2500

2. 强夯试验能级组合及参数设计

强夯试验设计参数及不同能级组合的单位面积夯击能和单点单位面积夯击能见表 7-2。

强夯试验不同强夯能级组合单位强夯夯击能统计表

表 7-2

主夯能级 (kN·m)	能级组合 (kN·m)		夯点间距 (m)	布点形式	夯击次数 (击)	单点夯击能 (×10⁶N/m²)		单位面积夯击能 (×10⁶N/m²)			单点单位面积夯击能 (×10⁶N/m²)
						分能级	总体	单点处理面积	分能级	总体	
4000	4000	点夯	4.5	正三角形	12	48	55.5	17.537	2.737	4.412	11.1
	1500	满夯	2.0	夯印搭接1/4锤径	5	7.5		4	1.675		
6000	6000	点夯	5.5	正三角形	15	90	115.5	26.197	3.436	6.137	23.1
	3000	二次夯	4.5	正三角形	6	18		17.537	1.026		
	1500	满夯	2.0	夯印搭接1/4锤径	5	7.5		4	1.675		
8000	8000	点夯	6.0	正三角形	18	144	178	31.176	4.619	8.488	35.6
	4000	二次夯	4.5	正三角形	6	24		17.537	1.369		
	2000	满夯	2.0	夯印搭接1/4锤径	5	10		4	2.5		
10000	10000	点夯	6.0	正三角形	18	180	222	31.176	5.774	10.099	44.4
	4000	二次夯	4.5	正三角形	8	32		17.537	1.825		
	2000	满夯	2.0	夯印搭接1/4锤径	5	10		4	2.5		
12000	12000	点夯	6.5	正三角形	20	240	292	35.589	6.744	11.717	58.5
	5000	二次夯	5.0	正三角形	8	40		21.65	1.848		
	2500	满夯	2.0	夯印搭接1/4锤径	5	12.5		4	3.125		

3. 单位夯实功统计分析

强夯试验不同强夯能级组合单位土体夯实功统计表 表 7-3

主夯能级 （kN·m）	实测处 理厚度 （m）	单位面积 土体积 （×10⁶cm³）	单点单位夯实功 （N·m/cm³）		按单位面积夯击能 计算的单位夯实功 （N·m/cm³）	
			单位面积夯击能 （×10⁶N·m）	单位夯实功 （N·m/cm）	单位面积夯击能 （×10⁶N·m）	单位夯实功 （N·m/cm³）
4000	5.7	5.7	11.1	1.947	4.412	0.774
6000	6.4	6.4	23.1	3.609	6.137	0.959
8000	7.4	7.4	35.6	4.811	8.488	1.147
10000	8.7	8.7	44.4	5.103	10.099	1.161
12000	10	10	58.5	5.85	11.717	1.172

注：1. 本表均为正三角形布点，单位面积夯击能＝kN·m/m²

2. 总体单位面积夯击能＝一次夯单位面积夯击能＋二次夯单位面积夯击能＋满夯单位面积夯击能

3. 单点单位面积夯击能＝$\dfrac{一次夯单点夯击能＋二次夯单点夯击能＋满夯单点夯击能}{夯锤面积}$，夯锤面积取 5m²。

（三）现场原状土样检测分析

1. 参照中华人民共和国国家标准《土工试验方法标准》GB/T 50123—1999，现场土样击实试验不同击实功结果统计分析。表 7-4 为击实试验采用的参数。

击实试验参数表 表 7-4

试验 方法	锤底直径 （mm）	锤质量 （kg）	落距 （mm）	击实筒			护筒 高度 （mm）	锤击 层数	每层锤击数
				内径 （mm）	筒高 （mm）	容积 （cm³）			
轻型	51	2.5	305	102	116	907.4	50	3	25
重型	51	4.5	457	150	116	2103.9	50	3	94

表 7-5 为现场土样不同击实试验参数试验结果统计，表 7-6 为现场原状土样土工分析试验结果，表 7-7 为强夯试验场地土样击实试验土工试验成果。

现场土样击实试验不同试验方法锤击数试验结果统计表 表 7-5

试验方法	锤击分层	每层锤击数 （击）	单位击实功 （N·m/cm³）	最优含水率 （%）	最大干密度 （g/cm³）
轻型	3	25	0.592	14.1	1.73
重型	3	80	2.299	13.6	1.82
		94	2.701	12.9	1.84
		105	3.017	11.6	1.85
		110	3.161	11.1	1.88

图 7-1 为强夯试验场地土样击实试验 ρ_d-w 关系曲线图。

强夯试验场地回填土取样土工试验成果总表

表 7-6

土样编号	钻孔编号	取土深度	土的物理性质							界限含水率				压缩系数 (a_v)		压缩模量 (E_s)	
			含水率 w	土粒比重 G_s	湿密度 ρ	干密度 ρ_d	饱和度 S_r	孔隙比 e	液限 w_L	塑限 w_P	塑性指数 I_P	液性指数 I_L	100 ~ 200 kPa	200 ~ 300 kPa	100 ~ 200 kPa	200 ~ 300 kPa
—	—	m	%	—	g/cm³	g/cm³	%	—	%	%	—	—	MPa⁻¹	MPa⁻¹	MPa	MPa
001			1.2	2.69	1.24	1.23	2.7	1.195	25.5	18.0	7.5	−2.24	0.163		13.447	
002			1.4	2.69	1.42	1.40	4.1	0.921	25.7	18.5	7.2	−2.37	0.144		13.362	
003			1.3	2.69	1.30	1.28	3.2	1.096	25.6	18.4	7.2	−2.37	0.171		12.270	
004			1.4	2.69	1.36	1.34	3.7	1.006	25.3	18.0	7.3	−2.27	0.174		11.514	

续表

土样编号	钻孔编号	取土深度	黄土湿陷试验				直剪快剪		颗粒组成										工程分类
			湿陷变形系数 δ_s	湿陷起始压力 p_{sh}	饱和自重压力 p_z	自重湿陷系数 δ_{zs}	黏聚力 c	内摩擦角 φ	卵石 >20.0	砾石 20.0~2.00	粗砂 20.0~0.50	中砂 0.50~0.25	细砂 0.25~0.075	粉砂 0.075~0.05	粉粒 粗 0.05~0.01	粉粒 细 0.01~0.005	黏粒 <0.005	胶粒 <0.002	土样与分类与定名
—	—	m	—	kPa	kPa	—	kPa	°	%	%	%	%	%	%	%	%	%	%	国家标准规范
001			0.1500	20.5			26.2	28.7											粉土
002			0.0780	18.0			43.1	32.5											粉土
003			0.1181	11.6			34.5	34.4											粉土
004			0.0665	19.5			40.2	30.5											粉土

表 7-7

强夯试验场地土样击实试验土工试验成果总表

土样编号	钻孔编号	取土深度	土的物理性质						界限含水率				压缩系数 a_v		压缩模量 E_s		黄土湿陷试验	直剪快剪		工程分类
			含水率 w	土粒比重 G_s	湿密度 ρ	干密度 ρ_d	饱和度 S_r	孔隙比 e	液限 w_L	塑限 w_P	塑性指数 I_P	液性指数 I_L	100~200 kPa	200~300 kPa	100~200 kPa	200~300 kPa	湿陷变形系数 δ_s	黏聚力 c	内摩擦角 φ	土样分类与定名 / 国家标准规范
—	—	m	%	—	g/cm³	g/cm³	%	—	%	%	—	—	MPa⁻¹	MPa⁻¹	MPa	MPa	—	kPa	—	—
001	轻型	4%	3.8	2.69	1.67	1.61	15.2	0.672	25.7	18.4	7.3	−2.00	0.111		15.028		0.0054	77.6	26.4	粉土
002	轻型	6%	5.8	2.69	1.74	1.64	24.5	0.636	25.7	18.4	7.3	−1.73	0.108		15.209		0.0015	20.6	32.3	粉土
003	轻型	8%	7.7	2.69	1.80	1.67	34.0	0.610	25.7	18.4	7.3	−1.47	0.090		17.930		0.0013	28.0	28.3	粉土
004	轻型	10%	9.7	2.59	1.85	1.69	43.8	0.595	25.7	18.4	7.3	−1.19	0.107		14.927		0.0015	65.4	25.9	粉土
005	轻型	12%	11.8	2.69	1.91	1.71	55.2	0.575	25.7	18.4	7.3	−0.90	0.093		16.949		0.0006	18.6	29.6	粉土
006	轻型	14%	13.7	2.69	1.97	1.73	66.7	0.558	25.7	18.4	7.3	−0.64	0.101		15.446		0.0005	70.1	24.4	粉土
007	轻型	16%	15.9	2.69	1.98	1.71	74.4	0.575	25.7	18.4	7.3	−0.34	0.119		13.242		0.0023	60.3	36.6	粉土
008	轻型	18%	17.3	3.69	1.97	1.68	77.3	0.602	25.7	18.4	7.3	−0.15	0.127		12.658		0.0056	50.5	26.7	粉土
009	重型(80)	4%	4.4	2.69	1.72	1.65	18.7	0.633	25.7	18.4	7.3	−1.92	0.095	0.070	17.235	23.322	0.0060	31.8	33.6	粉土
010	重型(80)	6%	5.6	2.69	1.78	1.69	25.3	0.596	25.7	18.4	7.3	−1.75	0.085	0.074	18.868	31.508	0.0001	57.0	32.8	粉土
011	重型(80)	8%	8.6	2.69	1.91	1.76	43.7	0.529	25.7	18.4	7.3	−1.84	0.094	0.073	16.284	21.013	0.0001	17.6	32.9	粉土
012	重型(80)	10%	9.6	2.69	1.95	1.78	50.4	0.512	25.7	18.4	7.3	−1.21	0.093	0.073	16.260	20.619	0.0018	36.4	28.9	粉土

续表

土样编号 No.	钻孔编号 No.	取土深度 (m)	含水率 w (%)	土粒比重 G_s	湿密度 ρ (g/cm³)	干密度 ρ_d (g/cm³)	饱和度 S_r (%)	孔隙比 e	液限 w_L (%)	塑限 w_P (%)	塑性指数 I_P	液性指数 I_L	压缩系数 a_v 100~200 kPa (MPa⁻¹)	压缩系数 a_v 200~300 kPa (MPa⁻¹)	压缩模量 E_s 100~200 kPa (MPa)	压缩模量 E_s 200~300 kPa (MPa)	黄土湿陷试验 湿陷变形系数 δ_s	直剪快剪 粘聚力 c (kPa)	直剪快剪 内摩擦角 φ	土样分类与定名 国家标准规范
013	重型(80)	12%	11.4	2.69	2.01	1.80	62.5	0.491	25.7	18.4	7.3	−0.96	0.093	0.078	16.000	19.048	0.0014	43.1	32.5	粉土
014	重型(80)	14%	13.3	2.69	2.06	1.82	74.6	0.480	25.7	18.4	7.3	−0.70	0.104	0.086	14.184	17.241	0.0018	32.9	29.7	粉土
015	重型(80)	16%	15.1	2.69	2.07	1.80	81.9	0.496	25.7	18.4	7.3	−0.45	0.113	0.095	13.192	15.706	0.0040	12.2	30.7	粉土
016	重型(80)	18%	16.8	2.69	2.06	1.78	86.0	0.525	25.7	18.4	7.3	−0.22	0.150	0.092	10.198	15.622	0.0011	40.2	30.5	粉土
017	重型(94)	4%	3.4	2.69	1.71	1.65	14.6	0.627	23.7	18.4	7.3	−2.05	0.080	0.063	20.408	25.641	0.0020	39.3	39.4	粉土
018	重型(94)	6%	5.4	2.69	1.80	1.71	25.3	0.575	25.7	18.4	7.3	−1.78	0.129	0.069	12.210	22.845	0.0030	40.2	34.7	粉土
019	重型(94)	8%	7.6	2.69	1.88	1.75	37.9	0.540	25.7	18.4	7.3	−1.48	0.032	0.064	18.868	24.209	0.0018	28.1	38.2	粉土
020	重型(94)	10%	9.7	2.69	1.96	1.79	51.6	0.506	25.7	18.4	7.3	−1.19	0.099	0.064	15.230	23.360	0.0017	11.2	35.3	粉土
021	重型(94)	12%	11.3	2.69	2.03	1.82	64.0	0.475	25.7	18.4	7.3	−0.97	0.102	0.077	14.490	19.117	0.0016	34.5	23.8	粉土
022	重型(94)	14%	12.9	2.69	2.08	1.84	75.4	0.460	25.7	18.4	7.3	−0.75	0.101	0.075	14.493	19.417	0.0005	43.0	28.1	粉土
023	重型(94)	16%	15.0	2.69	2.09	1.82	84.0	0.480	25.7	18.4	7.3	−0.47	0.087	0.041	16.949	35.714	0.0002	38.4	30.6	粉土
024	重型(94)	18%	17.7	2.69	2.09	1.78	92.5	0.515	25.7	18.4	7.3	−0.10	0.118	0.086	12.877	17.524	0.0011	44.0	30.1	粉土

续表

土样编号 No.	钻孔编号 No.	取土深度 m	含水率 w %	土粒比重 Gs	湿密度 ρ g/cm³	干密度 ρd	饱和度 Sr %	孔隙比 e	液限 wL %	塑限 wP %	塑性指数 IP	液性指数 IL	压缩系数 av 100~200kPa MPa⁻¹	压缩系数 av 200~300kPa MPa⁻¹	压缩模量 Es 100~200kPa MPa	压缩模量 Es 200~300kPa MPa	湿陷变形系数 δs	黏聚力 c kPa	内摩擦角 φ	土样分类与定名 国家标准规范
025	重型(105)	4%	3.4	2.69	1.74	1.68	15.3	0.599	25.7	18.4	7.3	−2.05	0.097	0.065	16.553	24.732	0.0122	14.0	29.8	粉土
026	重型(105)	6%	5.1	2.69	1.81	1.72	34.4	0.562	25.7	18.4	7.3	−1.82	0.089	0.050	17.768	31.292	0.0024	33.2	23.9	粉土
027	重型(105)	8%	7.3	3.69	1.90	1.77	37.4	0.518	25.7	18.4	7.3	−1.53	0.085	0.050	17.699	30.303	0.0000	30.8	22.2	粉土
028	重型(105)	10%	9.1	2.69	1.98	1.81	50.8	0.482	25.7	18.4	7.3	−1.27	0.075	0.054	19.802	27.397	0.0002	13.0	31.6	粉土
029	重型(105)	12%	11.3	2.69	2.06	1.98	67.0	0.453	25.7	18.4	7.3	−0.97	0.098	0.068	14.774	21.277	0.0033	41.2	26.1	粉土
030	重型(105)	14%	13.4	2.69	2.06	1.92	75.0	0.461	25.7	18.4	7.3	−0.68	0.093	0.079	15.893	18.770	0.0023	79.6	25.2	粉土
031	重型(105)	16%	15.2	2.69	2.06	1.78	79.9	0.512	25.7	18.4	7.3	−0.44	0.120	0.085	12.600	17.884	0.0023	85.1	24.9	粉土
032	重型(105)	18%	17.5	2.69	2.01	1.71	82.2	0.573	25.7	18.4	7.3	−0.12	0.135	0.101	11.628	15.504	0.0002	70.1	27.6	粉土
033	重型(110)	4%	3.8	2.69	1.75	1.69	17.2	0.596	25.7	18.4	7.3	−2.00	0.075	0.061	21.277	25.974	0.0021	9.4	32.8	粉土
034	重型(110)	6%	5.5	2.69	1.83	1.73	26.9	0.551	25.7	18.4	7.3	−1.77	0.086	0.063	17.966	24.515	0.0030	27.1	27.4	粉土
035	重型(110)	8%	7.5	2.69	1.91	1.78	39.3	0.514	25.7	18.4	7.3	−1.49	0.076	0.065	19.884	23.403	0.0010	19.6	28.9	粉土
036	重型(110)	10%	9.3	2.69	2.01	1.84	54.1	0.463	25.7	18.4	7.3	−1.25	0.080	0.039	18.182	37.037	0.0063	27.1	31.3	粉土
037	重型(110)	12%	10.9	2.69	2.08	1.88	67.5	0.434	25.7	18.4	7.3	−1.03	0.060	0.043	24.096	33.333	0.0033	28.9	31.0	粉土
038	重型(110)	14%	13.0	2.69	2.09	1.85	77.0	0.454	25.7	18.4	7.3	−0.74	0.111	0.055	13.115	26.558	0.0031	26.1	28.3	粉土
039	重型(110)	16%	14.6	2.69	2.07	1.81	80.3	0.489	25.7	18.4	7.3	−0.52	0.110	0.078	13.495	19.131	0.0010	19.7	30.2	粉土
040	重型(110)	18%	17.7	2.69	2.04	1.73	86.3	0.552	25.7	18.4	7.3	−0.10	0.143	0.100	10.874	15.591	0.0024	12.1	30.2	粉土

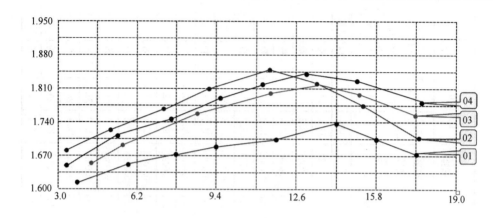

01: **轻型**：$\rho_d=1.73, w_{op}=14.1$
02: **重型(80)**：$\rho_d=1.82, w_{op}=13.6$
03: **重型(94)**：$\rho_d=1.84, w_{op}=12.9$
04: **重型(105)**：$\rho_d=1.85, w_{op}=11.6$

图 7-1 强夯试验场地土样湿陷性黄土击实试验 ρ_d-w 关系曲线图

表 7-8 为强夯试验场地湿陷性黄土随击实功而变化的最优含水量和最大干密度统计值。

强夯试验场地湿陷性黄土随击实功而变化的最优含水量和最大干密度统计表 表 7-8

最优含水率 （%）	最大干密度 （g/cm³）	单位击实功 （N·m/cm³）	干密度每增加 0.01g/cm³ 所消耗的单位击实功 （N·m/cm³）
14.1	1.73	0.592	
13.6	1.82	2.299	0.190
12.9	1.84	2.701	0.1917
11.6	1.85	3.017	0.202
11.1	1.88	3.161	0.171

2. 结论

从以上试验结果和分析可以得出以下结论

（1）强夯试验区采用的施工参数，其单点单位击实功除 4000kN·m 外，均可达到 3.6N·m/cm³ 以上，而采用重型击实试验，分三层击实，每层 110 击的单位夯实功也只达到了 3.161N·m/cm³。

（2）无论轻型还是重型击实试验含水量在 4%～18% 之间，击实后的土样湿陷性全部消除。

（3）轻型击实试验的单位击实功为 $0.592N \cdot m/cm^3$，根据表 7-3 统计结果，强夯试验区试验参数按试区整体单位面积夯击能计算的单位击实功，在 $0.774 \sim 1.172$（$N \cdot m/cm^3$）之间。均大于轻型击实试验的单位击实功。

（四）试夯区设置

强夯试验确定 5 个试区

1. Ⅰ试验区

强夯能级 4000kN·m，位于 E 区 8-8′剖面。试验区强夯布点示意图见图 7-2，试夯Ⅰ区剖面见图 7-3。

由表 7-9 可知 Ⅰ 试区湿陷土层深度 7.20m。

（1）主夯能级 4000kN·m 夯点间距 4.5m，正三角形布点，隔两遍完成。质量控制标准：①单点击数≥10 击；②最后两击夯沉量平均值≤100mm。

（2）满夯能级 1500kN·m，夯印搭接 1/4 锤径，单点击数 5 击。

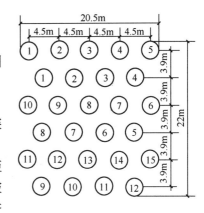

图 7-2　4000kN·m 能级
强夯布点示意图

（3）每遍夯完后用推土机将夯坑填平，再进行下遍强夯。

2. Ⅱ试验区

强夯能级 6000kN·m：试夯区位于 B 区 1a-1a′剖面。

图 7-4 为 1a-1a′剖面图、表 7-10 为Ⅱ试区工程地质剖面土层湿陷量统计表、图 7-5 为强夯布点示意图。

由于 B 区的探井开挖是在场平前完成，而勘察报告是在场平后完成，因此造成了剖面图中①层素填土层与土工分析中素填土层的厚度差异。由地勘报告图 7-4 和表 7-10 知：B1 探井的剖面图与土工分析中的素填土厚度相等，故 B1 的湿陷土层厚度为 12.2m。

B2 探井素填土层厚度与剖面图素填土层厚度相差 0.8m。故 B2 探井的湿陷性土层厚度为 0.8m＋6.2m＝7.0m。

B3 探井素填土层厚度与剖面图素填土层厚度相差 2.8m，故 B3 探井湿陷土层厚度为 2.8m＋4.2m＝7.0m。

B4 探井素填土层厚度与剖面图素填土层厚度相差 5m，故 B4 探井湿陷土层厚度为 5m＋4.2m＝9.2m。

（1）一次夯：主夯能级 6000kN·m，夯点间距 5.5m，正三角形布点，隔行分两遍完成。质量控制标准：①单点击数≥12 击；②最后两击夯沉量平均值≤100mm。

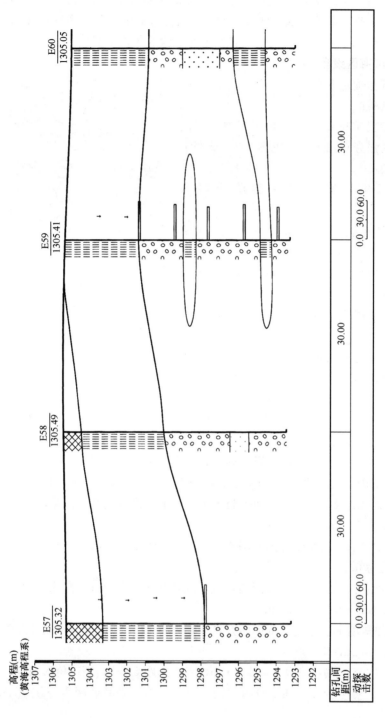

图 7-3 试夯Ⅰ区剖面图（8-8'剖面）

表7-9

强夯试验Ⅰ试区场地土层土工分析统计表

野外土样编号	取土深度 (m)	土的物理性质						可塑性指标				直剪快剪		湿陷起始压力	自重湿陷系数	湿陷系数	固结指标	
		土粒比重 G_s	含水率 w	湿密度 ρ	干密度 ρ_d	孔隙比 e	饱和度 S_r	液限 w_L	塑限 w_P	塑性指数 I_P	液性指数 I_L	黏聚力 c	内摩擦角 φ	P_{sh}	δ_{zsi}	δ_s	压缩系数 a_{1-2}	压缩模量 E_s
			%	g/cm³	g/cm³		%	%	%			kPa	°	kPa			MPa⁻¹	MPa
TJE20-1	1.00~1.20	2.70	7.1	1.53	1.43	0.890	22	24.4	16.2	8.2	-1.11	32	26.8	169	0.004	0.029		
TJE20-2	2.00~2.20	2.70	5.3	1.41	1.34	1.016	14	25.7	16.6	9.1	-1.24	13	31.2	58	0.004	0.041		
TJE20-3	3.00~3.20	2.70	5.5	1.43	1.36	0.992	15	25.5	16.7	8.8	-1.27	23	26.0	100	0.004	0.035		
TJE20-4	4.00~4.20	2.70	7.2	1.45	1.35	0.996	20	26.2	17.1	9.1	-1.05	14	29.7	135	0.003	0.037	0.15	13.3
TJE20-5	5.00~5.20	2.70	8.2	1.47	1.36	0.987	22	25.6	16.6	9.0	-0.93	30	24.5	145	0.006	0.029	0.25	7.9
TJE20-6	6.00~6.20	2.69	9.8	1.67	1.52	0.769	34	23.3	17.1	6.2	-1.18	34	26.0	>200	0.003	0.010	0.10	17.7
TJE20-7	7.00~7.20	2.69	10.4	1.67	1.51	0.778	35	20.9	13.8	7.1	-0.48	32	25.2	179		0.017	0.18	9.9
TJE21-1	1.00~1.20	2.70	6.2	1.70	1.60	0.687	24	22.5	13.8	8.7	-0.87	37	31.6	>200	0.001	0.001	0.06	28.3
TJE21-2	2.00~2.20	2.70	5.9	1.50	1.40	0.924	20	26.0	17.8	8.2	-1.45	24	26.2	42	0.005	0.023	0.20	9.6
TJE21-3	3.00~3.20	2.70	3.4	1.55	1.50	0.801	11	23.2	15.1	8.1	-1.44	17	31.3	>200	0.004	0.008	0.08	22.5
TJE21-4	4.00~4.20	2.69	4.2	1.55	1.49	0.808	14	22.8	15.7	7.1	-1.61	20	28.3	>200	0.005	0.013	0.15	12.1

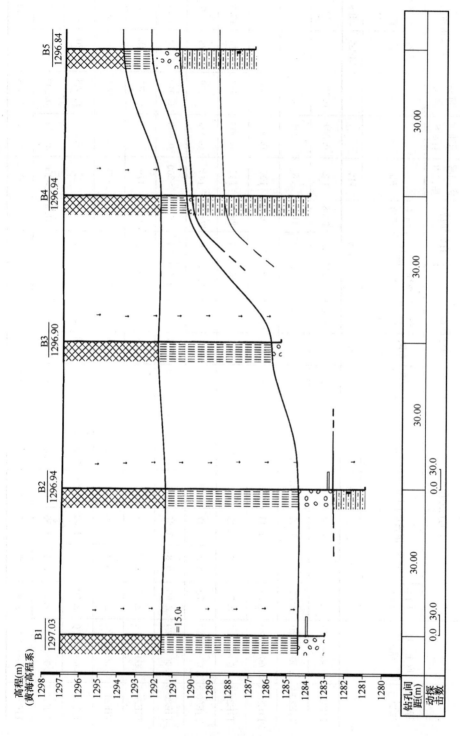

图 7-4　Ⅱ试区工程地质剖面图（1a-1a′剖面）

表 7-10

Ⅱ试区工程地质剖面湿陷量统计表

探井编号	层号	取样底深度 (m)	代表深度 (m)	自重湿陷 代表厚度 h (mm)	自重湿陷系数 δ_{zs}	$\beta_0\delta_{zs}\cdot h$ (mm)	总湿陷 代表厚度 h (mm)	湿陷系数 δ_s	$\beta_s\cdot h$ (mm)	湿陷等级、类型 档案号:(详 勘)11 111B/11-1
TJB1	①	1.2	0.01~1.60	1600	0.000	—	100	0.020	3	
		2.2	1.60~2.60	1000	0.006	—	1000	0.041	61.5	
		3.2	2.60~3.60	1000	0.008	—	1000	0.034	51	
		4.2	3.60~5.40	1800	0.002	—	1800	0.028	75.6	
		6.2	5.40~6.60	1200	0.003	—	1200	0.012	—	
		7.2	6.60~7.60	1000	0.017	8.5	1000	0.034	34	自重湿陷 (中等) Ⅱ级
	②	8.2	7.60~8.60	1000	0.006	—	1000	0.007	—	
		9.2	8.60~9.60	1000	0.042	21	1000	0.051	51	
		10.2	9.60~10.60	1000	0.134	67	1000	0.137	137	
		11.2	10.60~11.60	1000	0.024	12	1000	0.025	25	
		12.2	11.60~12.30	700	0.078	27.3	700	0.047	32.9	
	自重湿陷量 $\triangle_{zs}$ (mm)					135.80				
	总湿陷量 $\triangle_s$ (mm)								471	
TJB2	①	1.2	0.00~1.60	1600	0.002	—	100	0.015	2.25	
		2.2	1.60~2.60	1000	0.004	—	1000	0.065	97.5	
		3.2	2.60~3.60	1000	0.021	10.5	1000	0.042	63	
	②	4.2	3.60~4.80	1200	0.033	19.8	1200	0.061	109.8	非自重湿陷 (中等) Ⅱ级
		5.5	4.80~6.20	1400	0.018	12.6	1400	0.027	56.7	
	自重湿陷量 $\triangle_{zs}$ (mm)					42.90				
	总湿陷量 $\triangle_s$ (mm)								329.25	

续表

探井编号	层号	取样底深度 (m)	代表深度 (m)	自重湿陷 代表厚度 h (mm)	自重湿陷系数 δzs	β0δzs·h (mm)	总湿陷 代表厚度 h (mm)	湿陷系数 δs	βδs·h (mm)	湿陷等级、类型 档案号：勘 11 111B/11-1
TJB3	①	1.2	0.00~1.60	1600	0.023	18.4	100	0.094	14.1	非自重湿陷 I级（轻微）
		2.2	1.60~2.80	1200	0.066	39.6	1200	0.113	203.4	
	②	3.2	2.80~3.60	800	0.011	—	800	0.039	46.8	
		4.2	3.60~4.20	600	0.012	—	600	0.017	15.3	
		自重湿陷量 Δ_{zs} (mm)		58						
		总湿陷量 Δ_s (mm)							279.6	
TJB4	①	1.2	0.00~1.60	1600	0.11	—	100	0.057	8.55	非自重湿陷 I级（轻微）
		2.2	1.60~2.60	1000	0.037	18.5	1000	0.111	166.5	
		3.2	2.60~3.45	850	0.072	30.6	850	0.076	96.9	
		3.9	3.45~3.90	450	0.003	—	450	0.037	24.975	
		自重湿陷量 Δ_{zs} (mm)		49.1						
		总湿陷量 Δ_s (mm)							296.925	
TJB5	②	3.2	0.00~3.60	3600	0.027	48.6	2100	0.092	289.8	非自重湿陷 II级（中等）
		4.2	3.60~4.20	600	0.046	13.8	600	0.069	62.1	
		自重湿陷量 Δ_{zs} (mm)		62.40						
		总湿陷量 Δ_s (mm)							351.90	

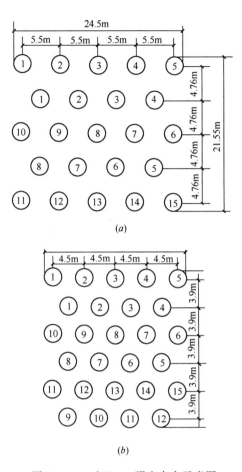

图 7-5　6000kN·m 强夯布点示意图

（a）一次夯；（b）二次夯

（2）二次夯：主夯能级 3000kN·m，夯点间距 4.5m，正三角形布点，隔行分两遍完成。质量控制标准：①单点击数≥6 击；②最后两击夯沉量平均值≤50mm。

（3）满夯能级 1500kN·m，夯印搭接 1/4 锤径，单点击数 5 击。

（4）每遍夯完后用推土机将夯坑填平，再进行下遍强夯。

3. Ⅲ试验区

强夯能级：8000kN·m。

本剖面湿陷土层厚度 11.50m。

图 7-6 为试验区工程地质剖面图，图 7-7 为强夯试验布点示意图。

（1）一次夯：主夯能级 8000kN·m，夯点间距 6m，正三角形布点，隔行分两遍完成。质量控制标准：①单点击数≥15 击；②最后两击夯沉量平均值≤200mm。

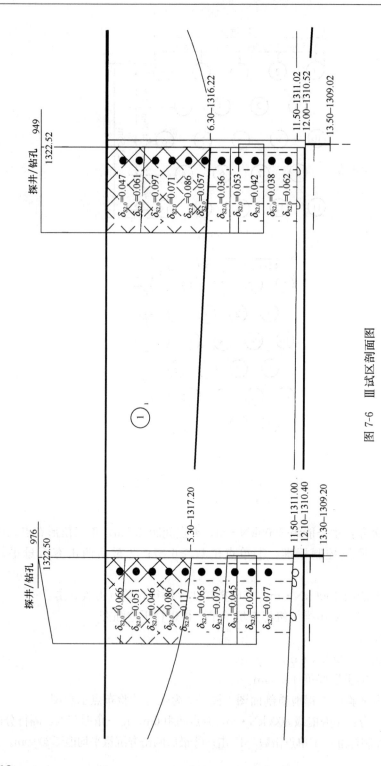

图 7-6 Ⅲ试区剖面图

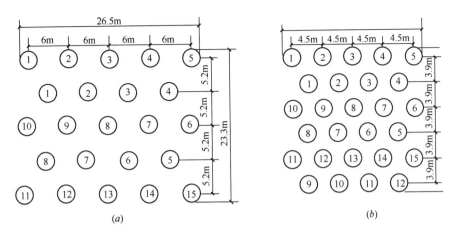

图 7-7 8000kN·m 强夯布点示意图

(a) 一次夯；(b) 二次夯

（2）二次夯：主夯能级 3000kN·m，夯点间距 4.5m，正三角形布点，隔行分两遍完成。质量控制标准：①单点击数≥8 击；②最后两击夯沉量平均值≤50mm。

（3）满夯能级 1500kN·m，夯印搭接 1/4 锤径，单点击数 5 击。

（4）每遍夯完后用推土机将夯坑填平，再进行下遍强夯。

4. Ⅳ试验区

强夯能级：10000kN·m。

本剖面湿陷土层厚度 12m。

图 7-8 为试验区工程地质剖面图。

图 7-9 为试验区强夯布点示意图。

（1）一次夯：主夯能级 10000kN·m，夯点间距 6m，正三角形布点，隔行分两遍完成。质量控制标准：①单点击数≥15 击；②最后两击夯沉量平均值≤200mm。

（2）二次夯：主夯能级 4000kN·m，夯点间距 4.5m，正三角形布点，隔行分两遍完成。质量控制标准：①单点击数≥8 击；②最后两击夯沉量平均值≤100mm。

（3）满夯能级 2000kN·m，夯印搭接 1/4 锤径，单点击数 5 击。

（4）每遍夯完后用推土机将夯坑填平，再进行下遍强夯。

5. Ⅴ试验区

强夯能级：12000kN·m。

本剖面湿陷土层厚度 11～12m。

图 7-10 为试验区工程地质剖面图，图 7-11 为试验区强夯布点示意图。

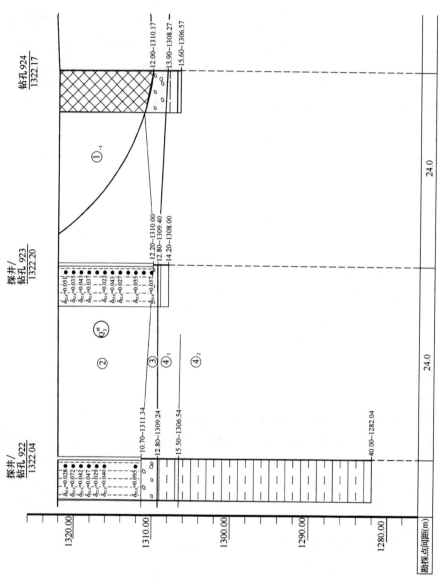

图 7-8 Ⅳ 试区剖面图

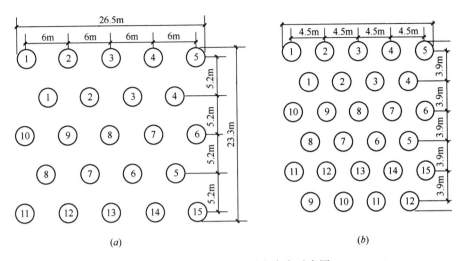

图 7-9　10000kN·m 强夯布点示意图

(a) 一次夯；(b) 二次夯

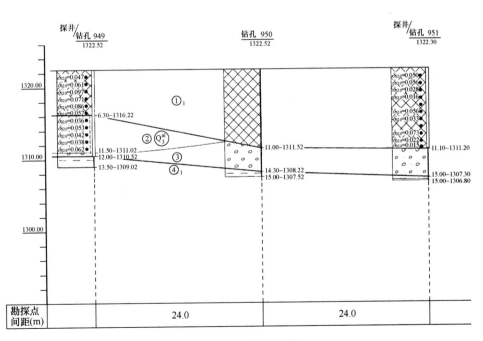

图 7-10　Ⅴ试区剖面图

（1）一次夯：主夯能级 12000kN·m，夯点间距 6.5m，正三角形布点，隔行分两遍完成。质量控制标准：①单点击数≥15 击；②最后两击夯沉量平均值≤200mm。

（2）二次夯：主夯能级 5000kN·m，夯点间距 4.5m，正三角形布点，隔行分两遍完成。质量控制标准：①单点击数≥8 击；②最后两击夯沉量平均值≤100mm。

（3）满夯能级 2500kN·m，夯印搭接 1/4 锤径，单点击数 5 击。

（4）每遍夯完后用推土机将夯坑填平，再进行下遍强夯。

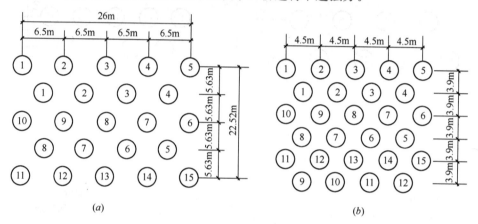

图 7-11　12000kN·m强夯布点示意图

（a）一次夯；（b）二次夯

（五）强夯试验结果

强夯试验检测结果见表 7-11。

强夯试验检测物理力学指标统计表　　　　　　表 7-11

技术指标		I 试区 4000kN·m	II 试区 6000kN·m	III 试区 8000kN·m	IV 试区 10000kN·m	V 试区 12000kN·m
场地平均夯沉量（cm）		72	81	96	130	140
湿陷性消除深度（m）		5.7	6.4	7.4	8.9	12
地基承载力特征值 f_{ak}（kPa）		≥300	≥300	≥300	≥300	≥300
压缩模量 E_s 平均值（MPa）	素填土		13.28		16.7	11.11
	黄土状粉土	13.15	9.23	16.4		
变形模量 E_0 平均值（MPa）	素填土	25.52	30.77	20.30	27.75	31.94
	黄土状粉土	24.93	30.17	20.30	26.64	30.95

续表

技术指标			Ⅰ试区 4000kN·m	Ⅱ试区 6000kN·m	Ⅲ试区 8000kN·m	Ⅳ试区 10000kN·m	Ⅴ试区 12000kN·m
标准贯入试验锤击数 N（击）	素填土	夯前 平均		10.9		12.8	15.1
		夯前 推荐		9.8		15	15
		夯后 平均		43.5		55.8	59.5
		夯后 推荐		39.2		53.9	56.3
	黄土状粉土	夯前 平均	10.9	17.2	15.5		
		夯前 推荐	7.2	13.6	15.5		
		夯后 平均	31.4	19.9	37.3		
		夯后 推荐	30	18.9	35.3		

注：12000kN·m强夯试验区的湿陷消除深度为12m，笔者认为偏大了，这个结果可能与探井位置有关，探井可能位于湿陷厚度较小区域，故而检测结果偏大。

二、工程应用与加固效果的研究与分析

拟建工程场地位于灵武市宁东镇宁东能源重化工基地工业园，青（岛）—银（川）高速公路南，主要装置为：办公楼区，化学品库、备品备件库、维修室外堆场、室外检修场地、空分装置、空分变电所、液氮液氧贮槽、总降压站、热电综合楼、原水站、合成循环冷却水站、污水处理站、中央化验室、中央控制楼、轻质油罐区、重质油罐区、合成水罐区、合成水处理单元、低温油洗单元、加氢裂化单元、加氢精制单元、FT合成装置等，厂区东西长约1466.23m，南北长约2486.29m，总面积约40万 m^2。

根据煤制油项目地质勘察报告、试夯报告、地基强夯处理研讨会议纪要，项目北区普遍存在湿陷性黄土，深度较深，且大面积回填区域密实度不足，南区局部存在湿陷性，气化和动力站东部的深填方区域采用12000kN·m夯击能处理，其他区域有湿陷的特征且深度超过3m的区域，根据各装置设计院要求采用4000～12000kN·m夯击能处理，没有湿陷的区域不处理。

在工程大面积地基处理中，强夯能级的确定采用了试夯成果，而夯点间距与布点形式的搭配（一次夯与二次夯的搭配），由于所处标段不同，设计单位的不同、施工单位的不同、设计理念和施工经验的不同，各个单位均按自己的经验和理解进行了部分调整，由此造成了处理效果的差异，有了对不同强夯施工参数的处理效果有了深入比较研究和分析的机会。

（一）4000kN·m强夯能级不同施工参数强夯结果对此分析

1. 强夯试验参数

图 7-12 为 4000kN·m 强夯试验布点示意图。

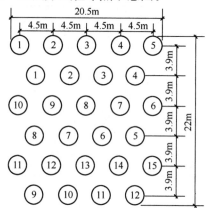

图 7-12　4000kN·m 强夯试验参数及布点图

（1）主夯能级 4000kN·m，夯点间距 4.5m，正三角形布点，隔行分两遍完成。质量控制标准：①单点击数≥10 击；②最后两击夯沉量平均值≤100mm。

（2）满夯能级 1500kN·m，夯印搭接 1/4，锤径，单点击数 5 击。

（3）每遍夯完后用推土机将夯坑填平，再进行下遍强夯。

2. 试夯结果：消除湿陷深度为起夯面下 7.5m

3. 调整参数应用项目

调整参数应用项目施工参数及布点示意图见图 7-13。

应用项目：厂前区综合楼；

（1）设计参数：一次夯，夯点间距 7m，正方形布置，中间插一点，隔行分两遍完成。质量控制标准：①单点击数≥10 击；②最后两击夯沉量平均值≤100mm；满夯 2000kN·m，夯印搭接，每点 1 击。

（2）设计要求

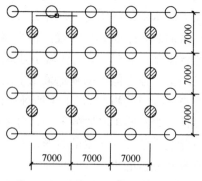

○一次夯一遍夯点　　◎一次夯二遍夯点

图 7-13　4000kN·m 能级调整参数图

1）地基承载力特征值不小于150kPa；

2）消除②层湿陷性粉土的湿陷性。

（3）处理结果

1）夯后承载力特征值≥150 kPa；

2）强夯地基土变形模量39.08～45.06MPa；

3）标准贯入试验。锤击数平均值32.6击，推荐值26.3击；

4）湿陷消除情况；未达设计要求。

厂前区综合楼未消除湿陷系数见表7-12。

厂前区综合楼未消除湿陷系数统计表　　　　　表7-12

探井编号	取样深度（m）	湿陷系数
T1	2.80～3.00	0.029
T2	1.80～2.00	0.019
T3	4.00～4.20	0.021

（4）单位面积夯击能、单位夯实功计算

表7-13为4000kN·m强夯能级不同施工参数单位面积夯击能与单位压实功的对比。

4000kN·m强夯能级不同施工参数单位面积夯击能、

单位压实功统计表　　　　　表7-13

设计参数项目	单位面积夯击能（kN·m/m²）			单位压实功（N·m/cm³）	
	分遍	计算值	合计	湿陷消除深度（m）	计算值
强夯试验参数	4000kN·m点夯10击	2280.5	4155.5	5.7	0.729
	1500kN·m满夯5击	1875			
强夯试验参数应用项目：第一循环水场	4000kN·m点夯10击	2280.5	3405.5	5.0	0.681
	1500kN·m满夯3击	1125			
调整参数应用项目：厂前区综合楼	4000kN·m点夯10击	1632.65	2132.65	湿陷未消除	计算无意义
	2000kN·m满夯1击	500			

（5）结论与建议

1）湿陷消除深度

① 强夯试验区起夯面下5.7m；

② 厂前区综合楼湿陷全部未消除。

2）单位面积夯击能

① 强夯试验参数应用项目（第一循环水场4000kN·m夯区），满夯击数由5击改为3击，其余相同，单位面积夯击能3405.5kN·m/m²；

② 调整施工参数应用项目（厂前区综合楼）2132.65kN·m/m²；

以上比较说明：4000kN·m强夯能级单位面积夯击能 E 应≥4000kN·m/m²；

3）单位夯实功

① 强夯试验区 $J=0.729$N·m/cm³；

② 强夯试验参数应用项目（第一循环水场4000kN·m夯区），单位夯实功 $J=0.681$N·m/cm³；

③ 调整施工参数应用项目（厂前区综合楼）$J=0.374$N·m/cm³；

以上比较说明：4000kN·m强夯能级按单位面积夯击能计算的单位夯实功 J 应≥0.70N·m/cm³。

4）夯点间距

① 强夯试验区 4.5m，正三角形布点；

② 调整施工参数应用项目（厂前区综合楼）为 7.0m，正方形布置，中间插一点，从图 7-13 可以看出夯距最大达 7.0m，夯点间距过大，强夯效果很差，所以夯间湿陷性全部未消除。

（6）分析与总结

4000kN·m能级强夯采用正三角形布点夯距 4.5m，单点处理面积 17.5m²，夯距合理，夯间湿陷性消除。夯点虽然没有二次复夯，但由于满夯夯击数达 5 击，保证了夯点夯坑部位回填土的加固效果，所以夯坑回填土的湿陷性也完全消除。

调整参数采用 7.0m 夯距，正方形布置的施工参数，虽然中间加了一个夯点，但点与点之间最大夯距仍然为 7.0m，单点控制面积为 24.5m²，所以夯间的湿陷性完全没有消除，而满夯虽然能级达到 2000kN·m，但只夯 1 击，所以夯点夯坑回填土的加固效果很差，湿陷性也未消除，能消除湿陷的部位，仅仅是夯点夯坑以下的一小部分，总体处理效果达不到设计要求。

以上比较说明：4000kN·m强夯采用正三角形布置时，夯点间距宜为 4.5m，由于 4000kN·m能级较低，不必采用二次夯；也不主张采用正方形布置，中间插一点形式。如采用正方形布点时，夯点间距宜为 4.0m，但其对角间距也达到 5.66m，大于正三角形布点的 4.5m，所以正方形中间的夯实效果也会较正三角形夯间差一些。

（二）6000kN·m强夯能级

1. 强夯试验参数及布点图

强夯试验参数及布点示意图见图 7-14。

（1）一次夯：主夯能级 6000kN·m，夯点间距 5.5m，正三角形布点，隔行分两遍完成。质量控制标准：① 单点击数≥12击；② 最后两击夯沉量平均值≤100mm。

（2）夯：主夯能级 3000kN·m，夯点间距 4.5m，正三角形布点，隔行分两遍完成。质量控制标准：① 单点击数≥6击；② 最后两击夯沉量平均值≤50mm。

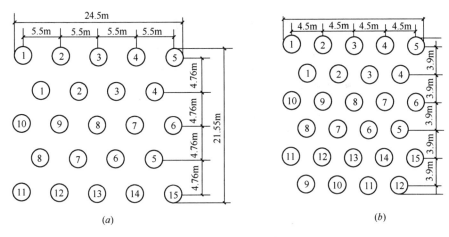

图 7-14　6000kN·m 强夯试验参数及布点图

(*a*) 一次夯；(*b*) 二次夯

（3）能级 1500kN·m，夯印搭接 1/4 锤径，单点击数 5 击。

（4）每遍夯完后用推土机将夯坑填平，再进行下遍强夯。

试验检测结果见表 7-11，湿陷消除深度 6.4m。

2. 调整参数（一）

应用项目：空分装置 C 区；

6000kN·m 强夯调整参数（一）布点示意图见图 7-15。

（1）设计参数

1）一次夯，强夯能级 6000kN·m，夯点间距 7m，正方形布置，中间插一点，隔行分两遍完成。质量控制标准：① 单点击数≥15 击；② 最后两击夯沉量平均值≤100mm；

2）二次夯，强夯能级 3000kN·m，夯点间距 3.5m，正方形布置。质量控制标准：① 单点击数≥8 击；② 最后两击夯沉量平均值≤50mm，一遍完成；

3）三次夯，满夯能级 1500kN·m，夯印搭接 1/4 锤径，每点 3 击。

（2）设计要求

1）地基承载力特征值不小于 200kPa；

2）夯后土层的压缩模量≥15MPa；

3）湿陷性消除深度 6.8m。

（3）处理结果

1）夯后地基承载力特征值≥200 kPa；

2）夯后土层的压缩模量≥15MPa；

3）湿陷消除深度 6.8m；

4）标准贯入试验平均值在 40 击以上。

127

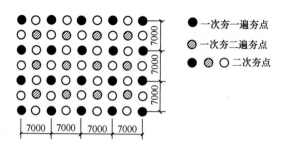

图 7-15　6000kN·m 强夯调整参数（一）布点图

3. 调整参数（二）

应用项目：空分装置 3 区；

调整参数（二）强夯施工布点示意图见图 7-16。

（1）设计参数：

1）一次夯，强夯能级 6000kN·m，夯点间距 8.0m，正方形布置中间插一点，隔行分两遍完成。质量控制标准：①单点击数≥15 击；② 最后两击夯沉量平均值≤100mm；

2）二次夯，强夯能级 3000kN·m，夯点间距 8m，正方形布置中间插一点，一遍完成。质量控制标准：①单点击数≥8 击；②最后两击夯沉量平均值≤50mm；

3）三次夯，满夯能级 1500kN·m，夯印搭接 1/4 锤径，每点 3 击。

（2）设计要求

设计要求同调整参数（一）。

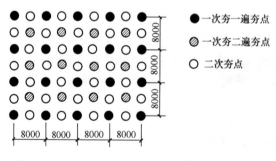

图 7-16　6000kN·m 强夯调整参数（二）布点图

（3）处理结果

1）湿陷性全部未消除；

2）地基承载力特征值≥200kPa；

3）压缩模量指标未独立统计；

4）标准贯入试验指标未单独统计。

调整参数（二）强夯处理空分装置B区湿陷消除情况见表7-14。

空分装置 B 区湿陷消除情况　　　　　表7-14

探井编号	取样深度（m）	湿陷系数
TJ5-3	3.00～3.20	0.068
TJ5-5	5.00～5.20	0.080
TJ6-3	3.00～3.20	0.061
TJ6-4	4.00～4.20	0.074
TJ6-5	5.00～5.20	0.093
TJ11-1	1.00～1.20	0.015
TJ11-4	4.00～4.20	0.029
TJ11-5	5.00～5.20	0.021

（4）单位面积夯击能、单位夯实功计算

6000kN·m三种不同强夯施工参数单位面积夯击能、单位压实功的分析比较见表7-15。

6000kN·m 强夯能级不同施工参数单位面积夯击能、

单位压实功统计表　　　　　表7-15

设计参数项目	单位面积夯击能（kN·m/m²）			单位压实功（N·m/cm³）	
	分遍	计算值	合计	湿陷消除深度（m）	计算值
强夯试验参数	6000kN·m 一次夯 12 击	2748.1	5652.67	6.4	0.8832
	3000kN·m 二次夯 6 击	1028.57			
	1500kN·m 满夯 5 击	1876			
强夯试验参数应用项目：空分装置 C 区	6000kN·m 一次夯 15 击	3673.47	6757.65	6.8	0.99
	3000kN·m 二次夯 8 击	1959.18			
	1500kN·m 满夯 3 击	1125			
调整参数应用项目：空分装置 3 区	6000kN·m 一次夯 15 击	2812.5	4687.5	湿陷未消除	计算无意义
	3000kN·m 二次夯 8 击	750			
	1500kN·m 满夯 3 击	1125			

（5）结论与建议

1）湿陷性消除深度

① 强夯试验区为 6.4m；

② 调整参数（一），应用项目空分装置 C 区为 6.8m；

③ 调整参数（二），应用项目空分装置 3 区全部未消除。

2）单位面积夯击能

① 强夯试验区为 5652.67kN·m/m²；

② 调整参数（一），应用项目空分装置 C 区为 6757.65kN·m/m²，由于一次夯夯击数为 15 击，故单位面积夯击能偏大；

③ 调整参数（二），未达到处理要求。

按以上比较，6000kN/m 强夯单位面积夯击能宜＞5600kN/m。

3）单位夯实功

① 强夯试验区为 $0.8832N \cdot m/cm^3$；

② 调整参数（一），应用项目空分装置 C 区为 $0.99N \cdot m/cm^3$；

③ 调整参数（二），未达到设计处理要求计算无意义。

按以上比较，6000kN/m 强夯单位压实功宜＞$0.900N \cdot m/cm^3$。

① 强夯试验区为 5.5m，正三角形布置，间距合理；

② 调整参数（一），应用项目空分装置 C 区夯点间距为 7m，正方形中间加一点布置，间距合理；

③ 调整参数（二），应用项目空分装置 3 区夯点间距为 8m，正方形中间加一点布置，不合理偏大。

（6）分析与总结

强夯调整参数（二），一次夯和二次夯搭配不合理。

一次夯夯点与二次夯夯点互相间隔布置，使两次夯夯点没有重叠区，即由于一次夯夯坑深度大，二次夯夯点与一次夯夯点间隔布置，未能对一次夯夯坑虚填部分加固，同时由于二次夯夯点间距 8m，正方形中间插一点布置，夯距偏大，能级较小，使一次夯夯间深部也未得到加固，最终导致整个施工区域一次夯点、夯坑回填区湿陷性未消除，一次夯点间下部湿陷性未消除。

（三）8000kN·m 强夯能级

1. 强夯试验参数及布点图

图 7-17 为 8000kN·m 试验参数布点示意图。

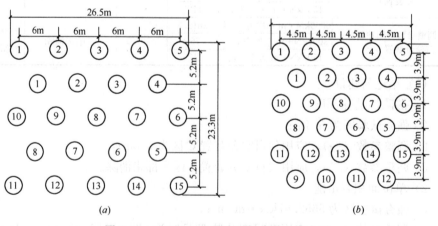

图 7-17 8000kN·m 强夯试验参数及布点图
（a）一次夯；（b）二次夯

（1）一次夯：主夯能级 8000kN·m，夯点间距 6m，正三角形布点，隔行分两遍完成。质量控制标准：①单点击数≥15 击；②最后两击夯沉量平均值≤200mm。

（2）二次夯：主夯能级 3000kN·m，夯点间距 4.5m，正三角形布点，隔行分两遍完成。质量控制标准：①单点击数≥8 击；②最后两击夯沉量平均值≤50mm。

（3）满夯能级 1500kN·m，夯印搭接 1/4 锤径，单点击数 5 击。

（4）每遍夯完后用推土机将夯坑填平，再进行下遍强夯。

试夯结果：湿陷消除深度起夯面下 7.4m。

2. 调整参数一

应用项目：空分装置 F 区；

8000kN·m 强夯调整参数布点示意图见图 7-18。

（1）设计参数

1）一次夯，强夯能级 8000kN·m，夯点间距 8m，正方形布置，中间插一点，隔行分两遍完成。质量控制标准：① 单点击数≥15 击；②最后两击夯沉量平均值≤200mm；

2）二次夯，强夯能级 3000kN·m，夯点间距 4.0m，正方形布置。质量控制标准：①单点击数≥8 击；②最后两击夯沉量平均值≤50mm；

3）三次夯，满夯能级 1500kN·m，夯印搭接 1/4 锤径，每点 3 击。

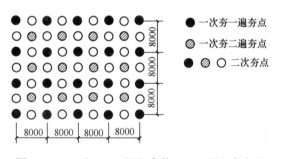

图 7-18　8000kN·m 调整参数（一）强夯布点图

（2）设计要求

1）地基承载力特征值不小于 200kPa；

2）地基土的压缩模量≥15MPa；

3）湿陷性消除深度 8m。

（3）处理结果

1）夯后地基承载力特征值≥200kPa；

2）夯后土层的压缩模量≥15MPa；

3）湿陷消除深度终夯面下 5m，未达设计要求；

4）标准贯入试验平均值在 40 击以上。

8000kN·m 强夯调整参数（一）应用项目空分装置 F 区湿陷消除情况见表7-16。

空分装置F区湿陷性消除情况　　　　　　表 7-16

探井编号	取样深度（m）	湿陷系数
TJ2-3	6.00～7.20	0.037
TJ2-4	7.00～7.20	0.023
TJ2-5	8.00～8.20	0.030
TJ3-3	5.00～5.20	0.028
TJ5-1	7.00～7.20	0.016
TJ5-3	8.00～8.20	0.018
TJ6-7	8.00～8.20	0.017
TJ7-4	7.00～8.20	0.017

3. 调整参数二

应用项目：空分装置 1 区、2 区。

8000kN·m 强夯调整参数（二）布点示意图见图 7-19。

（1）设计参数

1）一次夯，强夯能级 8000kN·m，夯点间距 8.0m，正方形布置中间插一点，隔行分两遍完成。质量控制标准：①单点击数≥15 击；②最后两击夯沉量平均值≤200mm；

2）二次夯，强夯能级 3000kN·m，夯点间距 8.0m，正方形布置中间插一点，一遍完成。质量控制标准：①单点击数≥8 击；②最后两击夯沉量平均值≤50mm；

3）三次夯，满夯能级 1500kN·m，夯印搭接 1/4 锤径，每点 3 击。

（2）设计要求

设计要求同空分装置 1 区、2 区。

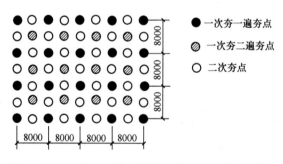

图 7-19　8000kN·m 强夯调整参数（二）强夯布点图

（3）处理结果

1）夯后地基承载力特征值≥200kPa；

2）夯后土层压缩模量≥15MPa；

3）湿陷性消除深度全部未消除；

4）标准贯入试验指标未单独统计。

8000kN·m 强夯调整参数（二）应用项目：空分装置 1 区、空分装置 2 区湿陷消除情况分别见表 7-17、表 7-18。

湿陷性消除情况（空分装置 1 区）　　　　表 7-17

探井编号	取样深度（m）	湿陷系数
TJ16-5	8.00～8.20	0.016
TJ17-3	5.00～5.20	0.036
TJ11-1	5.00～5.20	0.032
TJ11-2	6.00～6.20	0.032
TJ11-3	7.00～7.20	0.016
TJ11-4	8.00～8.20	0.011
TJ17-4	6.00～6.20	0.057
TJ21-1	3.00～3.20	0.020

湿陷性消除情况（空分装置 2 区）　　　　表 7-18

探井编号	取样深度（m）	湿陷系数
TJ15-1	2.00～2.20	0.048
TJ19-1	1.00～1.20	0.053
TJ19-2	2.00～2.20	0.048
TJ19-3	3.00～3.20	0.055
TJ19-4	4.00～4.20	0.017
TJ19-5	5.00～5.20	0.056
TJ19-6	6.00～6.20	0.042
TJ19-7	7.00～7.20	0.059

（4）单位面积夯击能、单位夯实功计算

8000kN·m 三种不同强夯施工参数单位面积夯击能、单位压实功的分析比较见表 7-19。

8000kN·m 强夯能级不同施工参数单位面积夯击能、
单位压实功统计表　　　　表 7-19

设计参数项目	单位面积夯击能（kN·m/m²）			单位压实功（N·m/cm³）	
	分遍	计算值	合计	湿陷消除深度（m）	计算值
强夯试验参数	8000kN·m 一次夯 15 击	3849.11	7092.41	7.4	0.861
	3000kN·m 二次夯 8 击	1368.3			
	1500kN·m 满夯 5 击	1875			
强夯试验参数应用项目：空分装置 F 区	8000kN·m 一次夯 15 击	3750	6375	6.0	1.0625
	3000kN·m 二次夯 8 击	1500			
	1500kN·m 满夯 3 击	1125			

续表

设计参数项目	单位面积夯击能（kN·m/m²）			单位压实功（N·m/cm³）	
	分遍	计算值	合计	湿陷消除深度（m）	计算值
调整参数应用项目：空分装置1区、2区	8000kN·m一次夯15击	3750	5625	湿陷未消除	计算无意义
	3000kN·m二次夯8击	750			
	1500kN·m满夯3击	1125			

（5）结论与建议

1）湿陷性消除深度

① 强夯试验区为7.4m；

② 强夯试验参数应用项目厂前区人工湖地基，7.81m；

③ 调整参数（一），应用项目空分装置F区，6.0m；

④ 调整参数（二），应用项目空分装置1区2区，全部未消除。

2）单位面积夯击能

① 强夯试验区为7092.41kN·m/m²；

② 调整参数（一）为6375kN·m/m²；

③ 调整参数（二）未达到处理要求；

按以上比较，6000kN·m强夯单位面积夯击能宜＞6300kN·m。

3）单位夯实功

① 强夯试验区为0.958N·m/cm³；

② 强夯试验参数应用项目，厂前区人工湖地基0.908N·m/cm³；

③ 调整参数（一）为1.0625N·m/cm³；

按以上比较，强夯单位面积夯击能计算的8000kN·m强夯单位夯实功宜≥0.908N·m/cm³。

4）夯点间距

① 强夯试验参数为6.0m，偏小，当采用正三角形布点时可以调整为6.5m；

② 调整参数（一），一次夯夯距为8m，偏大，导致夯间深部湿陷性消除差，当采用正方形中间插一点布置时，宜采用间距7.0m。调整参数二，不仅一次夯夯点间距大，二次夯夯点间距也大，所以更加不合理。

（6）分析与总结

调整参数（二），施工参数搭配非常不合理。

①一次夯夯距偏大，导致一次夯夯间深部湿陷性消除不到位。

②二次夯点间距也采用8.0m正方形布置，与一次夯间隔布置，且二次夯能级低，既没有消除一次夯夯间深部的湿陷性，又没有覆盖一次夯点夯坑，使一

次夯夯坑回填虚土未得到夯实，致使夯点夯坑部分的湿陷性未消除，导致整个场地湿陷性基本未消除。

所以当采用正方形中间加一点布置时，必须做好一、二次夯的搭配，二次夯的夯距为一次夯的1/2，并应对一次夯夯点做到全覆盖。

当采用正三角形布点时，一次夯的间距可比正方形布点的间距小0.5m，二次夯的间距也应根据能级高低确定，原则是能保证中层土层的夯点、夯间都得到加固，达到设计要求的指标。

(四) 10000kN·m强夯能级

1. 强夯试验参数及布点图

10000kN·m强夯试验布点示意图见图7-20。

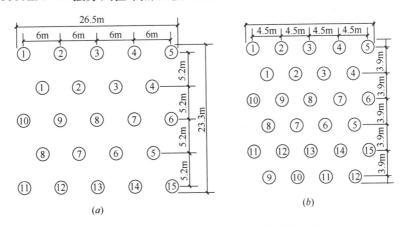

图 7-20　10000kN·m强夯试验参数及布点图
(a) 一次夯；(b) 二次夯

(1) 一次夯：主夯能级10000kN·m，夯点间距6m，正三角形布点，隔行分两遍完成。质量控制标准：① 单点击数≥15击；② 最后两击夯沉量平均值≤200mm。

(2) 二次夯：主夯能级4000kN·m，夯点间距4.5m，正三角形布点，隔行分两遍完成。质量控制标准：① 单点击数≥8击；② 最后两击夯沉量平均值≤100mm。

(3) 满夯能级2000kN·m，夯印搭接1/4锤径，单点击数5击。

(4) 每遍夯完后用推土机将夯坑填平，再进行下遍强夯。试夯结果：湿陷消除深度起夯面下8.9m。

2. 调整参数

10000kN·m强夯调整参数布点示意图见图7-21。

应用项目：空分装置G区。

(1) 设计参数

1) 一次夯，强夯能级10000kN·m，夯点间距8m，正方形布置，中间加一点，隔行分两遍完成。质量控制标准：① 单点击数≥15击；②最后两击夯沉量平均值≤200mm；

2）二次夯，强夯能级 4000kN·m，夯点间距 4.0m，正方形布置，一遍完成。质量控制标准：①单点击数≥8击；②最后两击夯沉量平均值≤100mm。

3）满夯 2000kN·m，夯印搭接 1/4 锤径，每点 3 击。

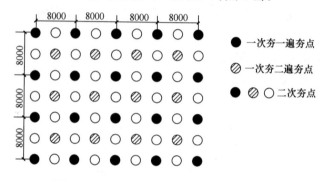

图 7-21　10000kN·m调整参数强夯布点图

（2）设计要求

1）夯后地基承载力特征值不小于 200kPa；

2）夯后土层压缩模量≥15MPa；

3）湿陷性消除深度终夯面下 8m。

（3）处理效果

1）夯后地基承载力特征值≥200 kPa；

2）夯后土层的压缩模量≥15MPa；

3）湿陷消除深度终夯面下 8m，起夯面下 9.3m。

（4）单位面积夯击能、单位夯实功计算

10000kN·m两种不同强夯施工参数单位面积夯击能、单位压实功分析比较见表 7-20。

10000kN·m强夯能级不同施工参数单位面积夯击能、

单位压实功统计表　　　　　　　　　　　　　　　　表 7-20

设计参数项目	单位面积夯击能（kN·m/m²）			单位压实功（N·m/cm³）	
	分遍	计算值	合计	湿陷消除深度（m）	计算值
强夯试验参数	10000kN·m一次夯 15 击	4811.39	9135.79	8.9	0.919
	4000kN·m二次夯 8 击	1824.40			
	2000kN·m满夯 5 击	2500			
强夯试验参数应用项目：空分装置 G 区	10000kN·m一次夯 15 击	4687.5	8187.6	9.3	0.88
	4000kN·m二次夯 8 击	2000			
	2000kN·m满夯 3 击	1500			

（5）结论

1）湿陷性消除深度

① 强夯试验区湿陷性消除深度8.9m；

② 应用项目空分装置G区湿陷消除深度9.3m。

2）单位面积夯击能

① 强夯试验区为9135.79kN·m/m²；

② 应用项目空分装置G区为8187.6kN·m/m²。

3）单位夯实功

① 强夯试验区为1.026N·m/cm³；

② 应用项目空分装置G区为0.88N·m/cm³。

4）夯点间距

① 强夯试验参数的一次夯间距为6m，偏小；

② 应用项目的一次夯间距为8m，可以达到要求的湿陷消除深度。

（6）分析及建议

1）10000kN·m强夯单位面积夯击能宜≥8000kN·m/m²；

2）当处理深度为9~10m时，单位夯实功宜≥0.85N·m/cm³；

3）夯点布置间距：正方形中间加一点时，一次夯间距宜为8.0m，二次夯间距宜为4.0m；夯点布置形式为正三角形布点时，一次夯间距宜为6.5m，二次夯间距宜为4.5m。

（五）12000kN·m强夯能级

1. 强夯试验参数及布点图

12000kN·m强夯试验参数布点示意图见图7-22。

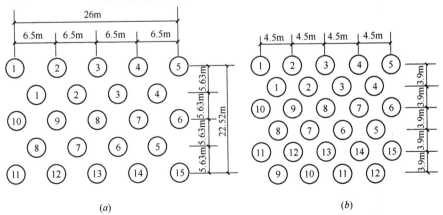

图7-22　12000kN·m强夯试验参数及布点图

（a）一次夯；（b）二次夯

（1）一次夯：主夯能级 12000kN・m，夯点间距 6.5m，正三角形布点，隔行分两遍完成。质量控制标准：①单点击数≥15 击；②最后两击夯沉量平均值≤200mm。

（2）二次夯：主夯能级 5000kN・m，夯点间距 4.5m，正三角形布点，隔行分两遍完成。质量控制标准：① 单点击数≥8 击；②最后两击夯沉量平均值≤100mm。

（3）满夯能级 2500kN・m，夯印搭接 1/4 锤径，单点击数 5 击。

（4）每遍夯完后用推土机将夯坑填平，再进行下遍强夯。

试夯结果：湿陷消除深度起夯面下 12m。

2. 调整参数

应用项目：空分装置 E 区。

12000kN・m 强夯调整参数布点示意图见图 7-23。

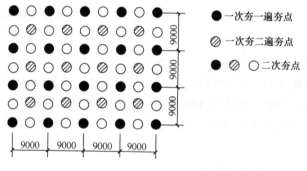

图 7-23　调整参数强夯布点图

（1）设计参数

1）一次夯，强夯能级 12000kN・m，夯点间距 9m，正方形布置，中间插一点，隔行分两遍完成。质量控制标准：①单点击数≥15 击；②最后两击夯沉量平均值≤200mm；

2）二次夯，强夯能级 5000kN・m，夯点间距 4.5m，正方形布置，隔行分两遍完成。质量控制标准：①单点击数≥8 击；②最后两击夯沉量平均值≤100mm。

3）满夯 2000kN・m，夯印搭接 1/4 锤径，每点 3 击。

（2）设计要求

1）夯后地基承载力特征值不小于 200kPa；

2）夯后土层压缩模量≥15MPa；

3）湿陷性消除深度终夯面下 8m。

（3）处理效果

1）夯后地基承载力特征值≥200 kPa；

2）夯后土层的压缩模量≥15MPa；

3）湿陷消除深度大于等于9.4m，全部消除。

（4）单位面积夯击能、单位夯实功计算

12000kN·m两种不同强夯施工参数单位面积夯击能、单位压实功分析比较见表7-21。

12000kN·m强夯能级不同施工参数单位面积夯击能、

单位压实功统计表　　　　　　　　　表7-21

设计参数项目	单位面积夯击能（kN·m/m²）			单位压实功（N·m/cm³）	
	分遍	计算值	合计	湿陷消除深度（m）	计算值
强夯试验参数	12000kN·m一次夯15击	4913.37	10324.87	12.2	0.846
	5000kN·m二次夯8击	2200.50			
	2500kN·m满夯5击	3125			
强夯试验参数应用项目：空分装置G区	12000kN·m一次夯15击	4444.44	7919.75	9.4	0.843
	5000kN·m二次夯8击	1927.7			
	2500kN·m满夯3击	1500			

（5）结论

1）湿陷性消除深度比较

① 强夯试验区为12.2m，考虑到探井位置因素，这个深度仅作参考；

② 应用项目空分装置E区为9.4m，这个指标比较真实。

2）单位面积夯击能比较

① 强夯试验区达到10324.87kN·m/m²；

② 调整参数，应用项目空分装置G区为7919.75kN·m/m²。

3）单位夯实功比较

① 强夯试验区为0.846N·m/cm³；

② 调整参数，应用项目空分装置E区为0.843N·m/cm³。

4）夯点间距比较

① 强夯试验参数一次夯间距为6.5m，偏小；

② 调整参数，应用项目空分装置E区一次夯间距为9m，偏大，可以达到要求的湿陷消除深度。

（6）分析与建议

1）12000kN·m强夯单位面积夯击能宜＞8000kN·m/m²；

2）处理深度为11～12m时，按单位面积夯击能计算的单位夯实功宜＞0.84N·m/cm³；

3）夯点布置：正三角形布点时，一次夯间距宜为7.0m，二次夯强夯能级为5000kN·m时，夯点间距宜为4.5m；布点形式为正方形中间加一点时，夯点间距宜为 8.0m，二次夯间距宜为 4.0m。

（六）解决的关键技术问题

1. 低含水量湿陷性黄土在不增湿的条件下，采用超高能级强夯处理的加固机理。

本项目通过对不同击实功能对最优含水量和最大干密度影响的研究、强夯法的夯实功的模型研究、不同能级强夯单位土体压实功与击实试验单位压实功的比较分析，揭示了超高能级强夯法加固低含水量湿陷性黄土的可行性与机理，并得出以下结论：

（1）夯击功能是影响压实效果的主要因素，夯击功能越大，得到的干密度越大，而相应的最优含水量越小，夯后土的干密度越大，湿陷性消除越好。

（2）当地基强夯时，夯击功能（压实功）随所采用的强夯能级、夯点间距和夯击数而变化，在夯点间距一定的情况下，能级越高，击数越多，土体所获得的夯击功能越大，同样，也与夯点间距、强夯能级、夯击数之间存在着同样的关系。

2. 确定了不同强夯能级加固低含水量湿陷性黄土的有效加固深度（以湿陷性消除深度为标准）。

本项目通过强夯试验和工程实践分类对比的方法，给出了不同强夯能级处理低含水量湿陷性黄土与加固深度的对应关系。

表 7-22 为不同强夯能级有效加固深度的分析比较。

有效加固深度对比表 表 7-22

湿陷性黄土地区建筑规范（GB 50025—2004）			本项目工程试验（低含水量湿陷性黄土）	
能级（kN·m）	全新世 Q₄ 黄土、晚更新世 Q₃ 黄土（m）	中更新世 Q₂ 黄土（m）	能级（kN·m）	处理深度（m）
1000～2000	3～5	3～5	4000	5.7
2000～3000	5～6	5～6	6000	6.4
3000～4000	6～7	6～7	8000	7.4
4000～5000	7～8	7～8	10000	8.9
5000～6000	8～9	8～9	12000	10.0
7000～8500	9～12	9～12		

3. 通过不同能级、不同夯距及布点形式和不同能级组合的加固效果的试验、检测分析对比，给出了各个能级不同布点方式的合理夯点间距，及一次夯、二次夯布点形式，夯点间距的优化组合模式，为强夯施工参数的设计、优化提供了模型和途径，降低施工成本，提高了施工效率。

4. 建立了强夯单位压实功计算的两种方法：

（1）建立了以击实试验为模型的单位压实功方法。

此模型以单个夯点夯击能累加［一次夯夯点夯击能＋二次夯夯点夯击能＋满

夯夯击能）÷夯锤面积÷湿陷消除深度]。通过增加重型击实试验锤击数提高单位压实功，再通过提高强夯能级和增加夯击数达到与重型击实试验相应的压实功的方法，进行强夯施工参数的设计。

（2）建立了以单位面积夯击能除以有效加固深度的计算模式。

5. 建立了不同强夯能级与单位面积夯击能的对应关系。

6. 建立了通过单位压实功、单位面积夯击能和强夯有效加固深度设计指标来指导超高能级处理低含水量湿陷性黄土参数设计的设计思路和指导指标，减少了参数设计的盲目性。

7. 给出了两种不同模式强夯布点形式的加固原理，为优化强夯施工参数提供了更为细化的思路与途径。

在此基础上，给出能级组合的两种模式。

（1）正三角形布点

1）正三角形布点模式适用范围

① 在能级 4000kN·m 及以下时，一般采用一次夯点加一次满夯的二级组合；

② 在能级 4000kN·m 以上时，由于一次夯主夯点夯坑较深，一般采用一次主夯、一次副夯（二次夯）、一次满夯的组合模式。

一次点夯的处理深度为设计消除湿陷性深度，处理范围为设计要求处理深度至一次点夯夯坑深度以下 1.0m 左右，二次夯处理深度为第一次主夯点夯坑深度以下 1.0m 左右，处理范围为二次夯点夯坑以下 0.7m 左右至一次主夯点夯坑以下 1.0m 左右。满夯处理深度则为二次夯夯坑以下 0.7m 左右，处理范围为满夯起始地表至二次夯夯坑以下深度 0.7m。

2）正三角形布点模式的特点

① 采用了三种能级组合，第一能级处理深层，第二能级处理中层，第三能级（满夯）处理表层。

② 第一能级与第二能级之间在夯点间距与布点形式相互独立，不存在相关性。各个处理能级有各自的处理深度和范围，各个级别的能级在夯点间距的设计上应保证各自处理范围内的处理效果应达到设计要求，不依赖其他能级予以填补。

（2）正方形布点

1）正方形布点模式适用范围

用于 4000kN·m 以上能级。

① 一次点夯采用正方形布置，中间插一点的模式，通过二遍隔行施工完成，处理范围为设计要求处理深度至一次夯夯坑深度以下 1.0m 左右。

② 二次夯采用正方形布置，夯点间距为一次夯的 1/2，二次夯处理深度为一次夯坑深度以下 1.0m 左右。二次夯除将一次夯的全部夯点中间加固外，还对一

次夯夯点回填后的夯坑部位全部加固。

处理范围为二次夯夯点以下 0.7m 左右至一次夯夯点夯坑以下 1.0m 左右。

③ 三次夯为满夯，处理深度为二次夯夯坑以下 0.7m 左右，处理范围为满夯起始标高至二次夯夯坑以下 0.7m。

2）正方形布点模式的特点

① 采用了三种能级组合，第一能级处理深层，第二能级处理中间层，包括一次夯能级的夯间部位和一次夯夯点形成的夯坑回填部位。

② 第一能级与第二能级之间，在夯点间距与布点形式上相互关联，存在相关性，第一能级处理不到位的位置由第二能级进行填补。

（3）两种模式的比较

1）正三角形布点模式

夯点间距合理，均匀性好，在等面积情况下，正三角形布点相对较少，施工效率高，费用也较经济。

2）正方形布点

由于最终布点形式形成正方形，夯点间距与对角线两夯点间距差别大，均匀性较差，经济效益相对差。

（七）达到的技术指标

1. 强夯试验与工程实施达到的技术指标

表 7-23 为强夯试验与工程实施达到的技术指标。

强夯试验与工程实施达到的技术指标　　　　　　　　表 7-23

能级 (kN·m)	布点形式与 夯距(m)	单位面积夯击能 (kN·m/m²)	按单位面积夯击能计算的单位夯实功 (N·m/cm³)	按击实试验模型计算的单位夯实功 (N·m/cm³)	湿陷消除深度 (m)
4000	夯距 4.5 正三角形布点	4155	0.729	1.6	5.7
6000(1)	夯距 5.5 正三角形布点	5652.67	0.8832	2.95	6.4
6000(2)	夯距 7.0 正方形中间插一点	6575.65	0.99	3.485	6.8
8000(1)	夯距 6.0 正三角形布点	7092	0.958	4.09	7.4
8000(2)	夯距 8.0 正方形中间插一点	6375	1.0625	4.95	6.0
10000(1)	夯距 6.0 正三角形布点	9135	1.026	4.26	8.9
10000(2)	夯距 8.0 正方形中间插一点	8187.6	0.88	4.04	9.3
12000(1)	夯距 6.5 正三角形布点	10324.87	0.846	3.811	12.2 （仅供参考）
12000(2)	夯距 9.0 正方形中间插一点	7919.75	0.843	4.63	9.4

2. 根据试夯结果与工程实施效果分析比较，修正技术指标

（1）不同强夯能级的有效加固深度（湿陷性消除深度）

不同强夯能级湿陷性消除深度见表7-24。

不同强夯能级的有效加固深度（湿陷性消除深度） 表7-24

序号	能级（kN·m）	湿陷消除深度（m）
1	4000	5～6
2	6000	6～7
3	8000	7～8
4	10000	8～9.5
5	12000	9.5～11

（2）建议的施工技术参数

表7-25为不同强夯能级建议的施工技术参数。表7-26为不同强夯能级施工系数调整汇总表。

建议的施工技术参数 表7-25

能级（kN·m）	布点形式	单位面积夯击能（kN·m/m²）	按单位面积夯击能计算的单位夯实功（N·m/cm³）	按击实试验模型计算的单位夯实功（N·m/cm³）
4000	正三角形布点	4000～4200	0.7～0.82	1.59～1.95
6000(1)	正三角形布点	4900～5000	0.714～0.816	2.7～3.15
6000(2)	正方形中间插一点	5500～6000	0.857～0.916	2.7～3.15
8000(1)	正三角形布点	7000～7100	0.888～1.0	3.79～4.33
8000(2)	正方形中间插一点	8000～7900	0.9675～1.11	3.79～4.33
10000(1)	正三角形布点	8400～8500	0.895～1.05	4.04～4.8
10000(2)	正方形中间插一点	9100～9200	0.968～1.14	4.04～4.8
12000(1)	正三角形布点	8300～8400	0.848～0.884	4.18～4.84
12000(2)	正方形中间插一点	9600～9700	0.882～1.01	4.18～4.84

不同强夯能级施工参数调整汇总表 表7-26

强夯能级施工参数	施工参数及夯点布置形式		
4000kN·m	一次夯	能级（kN·m）	4000
		夯距及夯点布置形式	夯距4.5m，正三角形布点
		单点击数（击）	10
	二次夯（满夯）	能级（kN·m）	1500
		夯距及夯点布置形式	夯印搭接1/4锤径
		单点击数（击）	5

强夯能级施工 参数		施工参数及夯点布置形式	
6000kN·m （一）	一次夯	能级（kN·m）	6000
		夯距及夯点布置形式	夯距5.5m，正三角形布点
		单点击数（击）	12
	二次夯	能级（kN·m）	3000
		夯距及夯点布置形式	夯距4.5m，正三角形布点
		单点击数（击）	6
	满夯	能级（kN·m）	1500
		夯距及夯点布置形式	夯印搭接1/4锤径
		单点击数（击）	3
6000kN·m （二）	一次夯	能级（kN·m）	6000
		夯距及夯点布置形式	夯距7.0m，正方形中间插一点布置
		单点击数（击）	12
	二次夯	能级（kN·m）	3000
		夯距及夯点布置形式	夯距3.5m，正方形布置
		单点击数（击）	6
	满夯	能级（kN·m）	1500
		夯距及夯点布置形式	夯印搭接1/4锤径
		单点击数（击）	3
8000kN·m （一）	一次夯	能级（kN·m）	8000
		夯距及夯点布置形式	夯距6.0m，正三角形布点
		单点击数（击）	15
	二次夯	能级（kN·m）	3000
		夯距及夯点布置形式	夯距4.5m，正三角形布点
		单点击数（击）	8
	满夯	能级（kN·m）	1500
		夯距及夯点布置形式	夯印搭接1/4锤径
		单点击数（击）	5
8000kN·m （二）	一次夯	能级（kN·m）	8000
		夯距及夯点布置形式	夯距7.5m，正方形中间插一点布置
		单点击数（击）	15
	二次夯	能级（kN·m）	3000
		夯距及夯点布置形式	夯距3.75m，正方形布置
		单点击数（击）	8
	满夯	能级（kN·m）	1500
		夯距及夯点布置形式	夯印搭接1/4锤径
		单点击数（击）	5

强夯能级施工参数	施工参数及夯点布置形式		
10000kN·m（一）	一次夯	能级（kN·m）	10000
		夯距及夯点布置形式	夯距6.5m，正三角形布点
		单点击数（击）	15
	二次夯	能级（kN·m）	4000
		夯距及夯点布置形式	夯距4.5m，正三角形布点
		单点击数（击）	8
	满夯	能级（kN·m）	2000
		夯距及夯点布置形式	夯印搭接1/4锤径
		单点击数（击）	5
10000kN·m（二）	一次夯	能级（kN·m）	10000
		夯距及夯点布置形式	夯距8.0m，正方形中间插一点布置
		单点击数（击）	15
	二次夯	能级（kN·m）	4000
		夯距及夯点布置形式	夯距4.0m，正方形布置
		单点击数（击）	8
	满夯	能级（kN·m）	2000
		夯距及夯点布置形式	夯印搭接1/4锤径
		单点击数（击）	5
12000kN·m（一）	一次夯	能级（kN·m）	12000
		夯距及夯点布置形式	夯距7.0m，正三角形布点
		单点击数（击）	15
	二次夯	能级（kN·m）	5000
		夯距及夯点布置形式	夯距5.0m，正三角形布点
		单点击数（击）	8
	满夯	能级（kN·m）	2000
		夯距及夯点布置形式	夯印搭接1/4锤径
		单点击数（击）	5
12000kN·m（二）	一次夯	能级（kN·m）	12000
		夯距及夯点布置形式	夯距8.5m，正方形中间插一点布置
		单点击数（击）	15
	二次夯	能级（kN·m）	5000
		夯距及夯点布置形式	夯距4.25m，正方形布置
		单点击数（击）	8
	满夯	能级（kN·m）	2000
		夯距及夯点布置形式	夯印搭接1/4锤径
		单点击数（击）	5

第二节　超高能级强夯与强夯置换施工技术的联合应用

一、工程概况

锦州港油品库罐区一期工程储罐区位于锦州港第三港池东岸，一期工程共 6 个罐区，建设场地地貌为浅海，通过人工吹填形成陆域地基。人工吹填土的主要成分有细砂、粉土、粉质黏土、粉砂等。在吹填层的上部又回填一层碎石残积土，场地标高在 4.71～5.98m。

（一）地层概况

① 素填土：由页岩、花岗岩碎块和残积土构成的碎石土。厚度为 1.70～3.90m，层底高程 2.00～3.62m。

①₁（吹）吹填土：以细中砂、粉土为主，属中等压缩性土，厚度为 1.30～7.80m，层底标高－1.30～3.25m。

② 粉质黏土：灰色—深灰色，主要呈软塑—流塑状态，该层分部较为连续，局部揭露为淤泥质土或粉土呈互层状分布，局部夹角砾、少量贝壳碎屑，厚度为 0.70～6.80m，层底埋深 2.90～11.40m，层底高程－6.30～2.48m。

③ 粉土：黄褐色，含少量角砾。仅于少数钻孔中揭露，厚度为 3.20～6.00m，层底埋深 7.50～9.00m，层底高程－3.89～3.02m。

④ 粉砂：浅黄色，含少量角砾、粉土。厚度为 2.70～5.90m，层底埋深 5.80～9.70m，层底高程－4.20～－0.39m。

⑤ 粉质黏土：黄褐色，可塑状态。该层在部分地段缺失，厚度为 0.40～6.60m，层底埋深 6.50～15.20m，层底高程－10.10～－1.20m。

⑥ 砾质黏性土：红褐色，花岗岩风化残积土，结构完全破坏，主要为黏性土混砂砾，含风化碎屑、碎块，该层仅在少数号钻孔揭露，厚度 2.50m，层底埋深 13.10m，层底高程－7.89m。

⑦ 花岗岩：黄白色，全风化，结构基本破坏，已风化成土状。主要岩性为砂砾混黏性土。该层于场地内普遍分布，揭露厚度为 0.80～7.50m，层底埋深 8.10～21.80m，层底标高－16.97～－2.80m。

⑧ 花岗岩：黄白色，强风化已大部分破坏，矿物成分已显著变化，裂隙很发育，岩体破碎。该层局部未揭露，揭露厚度为 0.90～9.90m，层底埋深 12.70～28.70m，层底高程－23.87～－7.40m。

⑨ 花岗岩：黄白色，中风化，结构部分破坏。揭露厚度为 0.70～3.20m，层底埋深 15.70～31.30m，层底高程－26.47～－10.40m。

（二）地下水

勘察场地位于锦州港，临渤海，野外勘察期间静止水位埋深 1.40～3.80m，水位标高 2.10～3.92m。水位受潮汐影响较大，变幅在 2.00m 左右。

地基土物理力学指标见表 7-27。

<table>
<tr><td colspan="6" align="center">地基土物理力学指标建议采用值表　　　　　　　　　　　表 7-27</td></tr>
<tr>
<th>层号</th>
<th>地层名称</th>
<th>承载力特征值
f_{ak} (kPa)</th>
<th>压缩模量
E_s (MPa)</th>
<th>内摩擦角
φ (°)</th>
<th>饱和单轴抗压强度
R_c (MPa)</th>
</tr>
<tr><td>1</td><td>素填土</td><td>—</td><td>—</td><td>—</td><td>—</td></tr>
<tr><td>2</td><td>粉质黏土</td><td>70</td><td>—</td><td>—</td><td>—</td></tr>
<tr><td>3</td><td>粉土</td><td>110</td><td>—</td><td>—</td><td>—</td></tr>
<tr><td>4</td><td>粉砂</td><td>80</td><td>—</td><td>—</td><td>—</td></tr>
<tr><td>5</td><td>粉质黏土</td><td>120</td><td>—</td><td>—</td><td>—</td></tr>
<tr><td>6</td><td>砾质黏性土</td><td>200</td><td>—</td><td>—</td><td>—</td></tr>
<tr><td>7</td><td>花岗岩（全风化）</td><td>300</td><td>—</td><td>—</td><td>—</td></tr>
<tr><td>8</td><td>花岗岩（强风化）</td><td>1500</td><td>—</td><td>—</td><td>—</td></tr>
<tr><td>9</td><td>花岗岩（中风化）</td><td>3000</td><td>—</td><td>—</td><td>23.02</td></tr>
</table>

地基处理技术要求：经加固处理后场地全风化岩以上各土层承载力特征值不小于 260kPa。压缩模量不小于 18MPa。

二、场地工程特点及关键施工技术

（一）工程特点

1. 本场地为高水位填海地基，场地静止水位埋深 1.40～3.80m，水位标高 2.10～3.92m，水位受潮汐影响较大，变幅在 2.00m 左右。

2. 形成陆域的填土地基土层为第①层～第④层，厚度在 7.80m，层底埋深 7.80m 左右，最大埋深 9.70，承载力特征值在 70～110 kPa，属于极软土层，不能满足设计要求，需进行置换处理。

3. 填土层以下的原海相沉积的第⑤层～第⑥层，承载力特征值在 120～200kPa，也需要进行加固处理。这一区段的厚度在 2.50～6.60m，层底埋深在 6.50～15.20m，第⑦层～第⑨层为全风化—中风化花岗岩，勘察指标已完全满足设计要求，不需处理。

由此可见本场地强夯置换的深度为 7～8m，强夯处理深度为 16m。这个基本的界线会随着地段地层的变化略有变动。

（二）地基处理的关键施工技术

1. 由于地基处理内容包含置换与夯实两项要求，且处理深度在 16m 左右，这就要求强夯需要更高能级，但超高能级由于能级高，夯坑深度大，在强夯时使夯锤直接与地下水位碰撞，尤其在涨潮时，这样不但强夯达不到加固效果，反而在施工时造成极大的危险。

2. 本场地采取的高水位地基强夯施工措施

（1）第一遍高能级点夯时，先从低能级做起，5000kN·m 夯 4~5 击，停夯后向夯坑中加填料至地坪，再用 8000kN·m 夯 4~7 击，停夯后再向夯坑中加填料至地坪高，这样做的结果首先使场地地坪逐渐抬高，同时又不影响强夯处理深度，达到了对 7~8m 深度内软土置换的目的。

（2）给超高能级强夯创造了条件，避免了夯锤与地下水位的撞击和超重型施工设备场地行走的困难。

（三）强夯试验

根据场地土层的埋深情况确定采用 2 种超高能级强夯处理。

1. 单点夯强夯试验

（1）单点夯试验情况

单点夯试验情况见表 7-28。

单点夯试验情况　　　　　　　　　　　　表 7-28

夯击能（kN·m）	12000kN·m			15000kN·m		
夯击过程（kN·m）	5000	8000	12000	5000	8000	15000
夯击数	5	4	45	4	7	42
填料量（m³）	32.2	25.3	184.0	25.3	32.3	204.7
累计夯击数（击）	54			53		
填料次数（次）	14			10		
填料总量（m³）	241.5			262.2		
累计夯沉量（m）	24.28			24.89		
周围最大隆起量（m）	0.97			0.96		
夯后孔口标高（m）	+5.6			+5.6		

（2）单点夯试验结果检测

单点试验结果证明 12000kN·m 强夯置换深度为 7.4m，15000kN·m 强夯置换深度为 7.7m。表 7-29 为 12000kN·m 强夯单点夯试验检测结果，表 7-30 为 15000kN·m 强夯单点夯试验检测结果。

2. 强夯试验区试验

（1）强夯试验区试验情况

Ⅰ区 15000kN·m，Ⅱ区 12000kN·m。

两个试验区在大小、面积、夯点布置、间距、施工遍数上完全相同，仅1、2遍单点夯击能不同。

试夯区面积36m×36m，正方形布点，第一遍夯点间距9m。

各遍夯点布置：第一遍夯点为正方形角点，第二遍夯点为正方形对角线交点。第一、二遍强夯能级为15000（12000）kN·m，单点击数大于15击，最后两击夯沉量平均值≤150mm。

第三遍夯点为正方形单边中点，强夯能级为8000kN·m，单点击数大于12击，最后两击夯沉量平均值≤150mm。

（2）强夯试验效果的检测

加固前后取原状土与室内土工试验

1）每个试夯区内的2、3遍夯点各布置1孔，在夯间位置和夯点置换区下取土，以了解置换区夯间和置换区下夯间土土性指标的变化情况。

Ⅰ试区检测情况如下：

在置换区，夯间土中的粉土粉砂土与置换材料碎石土混合，无法取到原状土样。粉土粉砂的承载力与压缩模量根据桩间动探结果确定，粉土和粉砂的承载力与压缩模量均得到大幅度的提高。而置换区下部3～6.6m段夯间土粉质黏土可取的原状土样，承载力和压缩模量通过土工试验确定。

置换段下，未出现粉土粉砂，只有粉质黏土和黏土类土。加固后的承载力达到设计要求，压缩模量虽然提高幅度在50%以上，但由于起点低，其绝对值达不到设计要求。

Ⅱ试区在置换区段之下，粉土取得原状土样，其加固效果与Ⅰ区类似。土工试验结果见表7-29。

12000kN·m单点夯检测结果　　　　　　　表7-29

孔口标高：+5.6

深度 （m）	层厚 （m）	名称	平均值 （击）	标准差	变异系数	标准值 （击）	f_{ak} （kPa）	E_s （MPa）	备注
0～4.1	4.1	置换体	7.73	3.03	0.64	3.92	248	24.0	
4.1～6.0	1.9	置换体	8.53	1.76	0.21	7.82	456	40.0	由N_{120} 确定
6.0～7.4	1.4	置换体	11.21	2.40	0.21	10.07	548	56.0	
7.4～8.8	1.4	粉砂	—	—	—	—	300	29.0	
8.8～10.5	1.7	粉质黏土	—	—	—	—	263	4.6	由室内试 验确定
10.5～13.0	2.5	黏土	—	—	—	—	240	4.6	
13.0～15.3	2.3	粉质黏土	—	—	—	—	260	7.9	

试验区加固前后取土试验指标见表7-31，1号试夯区加固前后取土指标分析对比见表7-32，2号试夯区加固前后取土指标对比分析见表7-33。

15000kN·m 单点夯检测结果 表 7-30

孔口标高：+5.6

深度 (m)	层厚 (m)	名称	平均值 (击)	标准差	变异系数	标准值 (击)	f_{ak} (kPa)	E_s (MPa)	备注
0.0~2.5	2.5	置换体	2.60	0.63	0.24	2.38	171	14	
2.5~4.5	2.0	置换体	5.60	1.56	0.28	4.99	311	28	由 N_{120} 确定
4.5~7.7	3.2	置换体	7.13	0.96	0.13	6.83	383	32	
7.7~9.0	1.3	粉砂	—	—	—		260	24	
9.0~10.8	1.8	粉质黏土	—	—	—		240	4.4	由室内试验确定
10.8~13.2	2.4	黏土	—	—	—		245	4.0	
13.2~15.3	2.1	粉质黏土	—	—	—		310	5.4	
15.3 以下		全风化、未钻透							

2）地表复合地基承载力特征值

地表复合地基承载力特征值由现场桩间土荷载试验和夯点动力触探结果确定。

并按下式进行计算：

$$f_{spk} = mf_{pk} + (1-m)f_{sk} \tag{7-1}$$

式中 f_{spk} ——复合地基承载力特征值（kPa）；

f_{pk} ——单墩竖向承载力特征值（kPa）；

f_{sk} ——墩间土承载力特征值（kPa）；

m ——墩体面积置换率；

其中面积置换率 m 取 0.25。

Ⅰ试区计算的复合地基承载力特征值为 292kPa，Ⅱ试区计算的复合地基承载力特征值为 290kPa，均大于设计要求的 260kPa。

3）深层复合地基承载力特征值和压缩模量

根据各试区加固后 2、3 遍夯点以及桩间土的动力触探，标准贯入和原状土室内试验结果，综合确定深层复合地基承载力特征值和压缩模量。

复合地基压缩模量按式：

$$E_{sp} = [1 + m(n-1)]E_s \tag{7-2}$$

式中 E_{sp} ——复合土层压缩模量（MPa）；

E_s ——桩间土压缩模量（MPa）；

m ——面积置换率；

n ——桩土应力比。

复合地基承载力特征值和压缩模量试验结果见表 7-34、表 7-35。

表 7-31

试夯区加固前后取土试验指标统计分析表

试夯区	位置	取土深度 (m)	阶段	土样 定名	承载力		压缩模量		先期固结压力 P_c	
					标准值 (kPa)	变化率 %	标准值 (kPa)	变化率 %	标准值 (kPa)	变化率 %
	置换段	−1.0	加固前	粉土粉砂	95	—	—	—	—	—
		−1.2~1.5	加固后	粉土粉砂	262.3	176	21.27	—	—	—
Ⅰ试区	置换段之下	−4.0	加固前	粉质黏土	113.04		1.95	—	52.50	—
		−3.1~6.6	加固后	粉质黏土	300.35	165	4.36	124	133.77	154.8
		−10.0	加固前	黏土	200.19		3.91	49.6	156.58	—
		−9.1~12.0	加固后	黏土	265.69	32.7	5.85		208.61	33.2
		−12.0	加固前	粉质黏土	198.77	34.3	2.90		135.20	—
		−12.1~12.5	加固后	粉质黏土	266.87		6.74	132	211.46	56.2
Ⅱ试区	置换段之下	−2.0	加固前	粉土	152.39		—	—	—	—
		−2.2	加固后	粉土	216.25	41.9	8.11		171.44	—
		−5.5	加固前	粉质黏土	185.77		4.10	—	133.30	—
		−4.5~5.8	加固后	粉质黏土	266.37	43.4	5.12	24.9	163.40	22.5

1号试夯区加固前后取土指标对比

表7-32

取土状态	层底标高 m	统计项目	土的物理性质 含水量 w %	湿密度 ρ g/cm³	孔隙比 e	先期固结压力 pc kPa	直剪试验 黏聚力 c kPa	内摩擦角 φ °	承载力 fak kPa	压缩模量 Es m	土样定名
加固前	-1.0	标准值	23.00	1.93	0.78	—	—	—	95	—	粉土，粉砂
加固后	-1.2~1.5	标准值	23.52	1.90	0.65	—	—	—	262.31	21.27	粉土，粉砂
加固前	-4.0	标准值	19.97	2.03	0.59	52.50	9.78	3.45	113.04	1.95	粉质黏土
加固后	-3.1~6.6	标准值	24.18	1.95	0.70	133.77	26.27	13.92	300.35	4.36	粉质黏土
加固前	-10.0	标准值	24.89	1.99	0.72	156.58	47.67	5.87	200.19	3.91	黏土
加固后	-9.1~12.0	标准值	18.78	2.00	0.57	208.61	55.56	10.23	259.81	5.85	黏土
加固前	-12.0	标准值	20.86	1.99	0.62	135.40	12.63	3.18	198.77	2.90	粉质黏土
加固后	-12.1~12.5	标准值				211.46	33.96	13.63	266.87	6.74	粉质黏土

注：加固前-1.0m粉土粉砂承载力标准值按工勘报告的平均值提供。

2号试夯区加固前后取土指标对比

表7-33

取土状态	层底标高 m	统计项目	土的物理性质 含水量 w %	湿密度 ρ g/cm³	孔隙比 e	先期固结压力 pc kPa	直剪试验 黏聚力 c kPa	内摩擦角 φ °	承载力 fak kPa	压缩模量 Es MPa	土样定名
加固前	-2.0	标准值	22.48	1.90	0.65	188.63	16.63	22.10	152.39	8.11	粉土
加固后	-2.2	标准值	21.82	1.94	0.63	171.44			216.67		粉土
加固前	-5.5	标准值	23.83	1.95	0.70	133.30	12.43	13.77	185.77	4.10	粉质黏土
加固后	-4.5~4.8	标准值	20.63	2.01	0.61	163.40	25.72	7.74	266.37	5.12	粉质黏土

1号试夯区复合地基承载力特征值和压缩模量统计表　　表7-34

位置	土层名称深度 (m)	夯点承载力 (kPa)	夯间承载力 (kPa)	复合承载力标准值 (kPa)	夯点压缩模量 (MPa)	夯间压缩模量 (MPa)	复合压缩模量 (MPa)
置换体桩间土	0~1 置换体桩间土	303.31	125.45	269.91	28.33	17.50	30.63
	1~2 置换体桩间土	345.86	189.58	228.65	29.16	18.75	32.81
	2~3 置换体桩间土	443.63	181.11	246.74	35.97	18.28	31.99
	3~4 置换体桩间土	552.57	265.74	337.44	43.94	20.48	35.85
	4~5 置换体桩间土	603.70	379.34	48.42	31.20	20.28	54.60
	5~6 置换体桩间土	640.00	250.89	348.17	52.50		35.49
	6~7 置换体桩间土	640.00	202.51	311.88	52.50	4.10	7.18
	7~8 置换体桩间土，粉质黏土	432.48	283.13	320.47	52.50	3.40	5.95
置换区下	8~9 粉质黏土	255.91	256.26	256.17	5.60	5.10	7.65
	9~10 粉质黏土	272.51	187.20	208.53	4.00	5.10	7.65
	10~11 粉质黏土	263.98	255.00	262.50	6.59	5.50	8.25
	11~12 粉质黏土，黏土	268.10	261.56	263.20	7.10	6.80	8.50
	12~13 黏土	258.32	219.38	229.12	3.78	5.30	6.63
	13~14 黏土	236.45	244.69	242.63	6.16	4.60	5.75
	14~15 黏土	242.21	165.02	184.32	6.10	5.80	7.25
	15~16 黏土	267.82	251.26	255.40	7.30	7.00	8.75
	16~17 粉质黏土，黏土	246.83	219.38	226.25	6.09	6.10	7.63
	17~18 粉质黏土，黏土	210.19	286.26	267.24	6.46	6.30	7.88

表 7-35

2 号夯区复合地基承载力特征值和压缩模量统计表

位置	土层名称深度 (m)	夯点承载力 (kPa)	夯间承载力 (kPa)	复合承载力标准值 (kPa)	夯点压缩模量 (MPa)	夯间压缩模量 (MPa)	复合压缩模量 (MPa)
置换体桩间土	0~1	281.59	182.45	207.24	23.02	8.33	14.59
	1~2	347.415	148.10	197.86	28.19	7.49	13.11
	2~3	465.80	160.88	237.11	36.80	16.94	29.65
	3~4	510.11	133.17	227.40	41.15	14.26	24.95
	4~5	543.97	197.78	284.33	40.56	18.70	32.70
	5~6	254.02	200.56	213.92	21.55	15.44	27.03
	6~7	169.54	216.56	204.81	6.00	16.30	22.95
	7~8	258.29	223.13	231.91	6.70	8.40	12.60
	8~9	283.54	201.28	221.84	1.37	4.10	6.15
置换区下	9~10	234.65	278.13	267.26	4.14	5.40	8.10
	10~11	280.90	256.26	262.42	5.36	5.00	6.25
	11~12	217.95	294.38	275.28	5.62	4.80	6.00

4）强夯置换深度和加固深度

综合评价：Ⅰ试区的强夯置换深度为 7～8m，加固深度为 17～18m。

Ⅱ试区的强夯置换深度为 5～6m，加固深度为 11～12m。

原地基全风化花岗岩以上的土层的承载力和压缩模量都得到不同程度的提高。

5）加固前后先期固结压力的对比，对比结果见表 7-31。

强夯后的先期固结压力，Ⅰ试区提高了 33.2%～154.8%；其中－3.1～－6.6m 的提高幅度最大，相当于起夯面下 12.2m 的深度；起夯面下 18.1m 的深度先期固结压力提高了 56.2%。

Ⅱ试区置换段下，深度 10.1～11.4m 土样，夯后先期固结压力大于Ⅰ试区。

Ⅱ试区置换段下，由于一些原因未能取到足够土样，没有得到足够数据。考虑到Ⅱ试区强夯能级高于Ⅰ试区，所以Ⅱ试区的强夯有效加固深度不会低于Ⅰ试区。

索　引